DE L'INFLUENCE
DU GRAND PROPRIÉTAIRE

SUR

LA PROSPÉRITÉ AGRICOLE ET COMMERCIALE,

LORSQU'IL S'OCCUPE DE HARAS D'EXPÉRIENCES

ET QU'IL ÉTABLIT DES FERMES EXPÉRIMENTALES.

DE L'INFLUENCE DU GRAND PROPRIÉTAIRE

SUR

LA PROSPÉRITÉ AGRICOLE ET COMMERCIALE,

LORSQU'IL S'OCCUPE DE HARAS D'EXPÉRIENCES

ET QU'IL ÉTABLIT DES FERMES EXPÉRIMENTALES,

Ne traitant dans ce Compte rendu, quant à présent, que des heureux résultats et nouvelles découvertes qui intéressent le Commerce et l'Agriculture de l'Empire, l'Auteur s'occupant d'un Ouvrage général sur cette partie, et de l'avantage qu'il y auroit d'établir plusieurs Fermes expérimentales et Haras d'expériences semblables à ses Établissemens, dont il donne une idée générale;

PAR M. FLANDRE D'ESPINAY,

Ancien Capitaine de Cavalerie, Colonel de Chasseurs, Aide-de-Camp du Général CONFLANS, *Membre du Collège électoral du département du Rhône, et de plusieurs Sociétés d'Agriculture et des Arts.*

A PARIS,

DE L'IMPRIMERIE DE MADAME HUZARD,

RUE DE L'ÉPERON-SAINT-ANDRÉ-DES-ARTS, N°. 7.

1809.

AVANT-PROPOS.

Il est sans doute téméraire de la part d'un agronome, qui est loin du style des auteurs, parce que ses habitudes champêtres, depuis vingt ans qu'il a quitté les premiers grades dans le militaire pour se livrer au goût des voyages et à l'agriculture, l'ont éloigné de la littérature, de vouloir produire sur un sujet aussi vaste et aussi important quelques esquisses rapides, non seulement de ses expériences qui ont réussi dans le croisement des races qu'il traite dans ce Compte rendu, mais encore de projets utiles à la prospérité agricole.

L'état d'abandon dans lequel languit l'agriculture livrée à elle-même, sans Écoles de Fermes expérimentales, où les jeunes agriculteurs iroient prendre des leçons pratiques pour oublier les fatales habitudes routinières de leurs pères, et mettre en usage les avantageuses cultures d'après les expériences dans chaque département, m'a engagé à faire imprimer mes premières idées.

Des expériences et vingt ans de travail m'ont prouvé que l'agriculture de la France pourroit être supérieure à celle de l'Angleterre, et tiercer en produits; mais il seroit nécessaire de créer des Fermes expérimentales où on établiroit des Écoles d'agriculture, à l'instar de celle d'Alfort.

Et pour activer cette partie, il me paroîtroit de la plus grande importance de créer un Intendant général de l'agriculture, et quatre Inspecteurs qui voyageroient pour établir et diriger les Fermes expérimentales sur les propriétés qui seroient désignées à cet effet et qui serviroient d'Écoles publiques, et en même temps pour recueillir toutes les nouvelles productions et découvertes agricoles, afin de propager et récompenser les agriculteurs qui consacrent leur fortune et leur temps à la prospérité du premier des Arts. L'Intendant général rendroit compte des résultats d'un travail aussi essentiel à S. Ex. le Ministre de l'Intérieur, qui le mettroit sous les yeux de notre auguste Empereur.

Le grand *Colbert* avoit établi le même ordre de choses pour le Commerce et les

Manufactures seulement, parce que de tout temps l'agriculture a été négligée en France; et aujourd'hui c'est pourtant son vrai trésor national. Aussi l'Empereur daigne-t-il s'en occuper, et m'a déjà accordé une récompense honorable en me faisant donner en l'an X le premier étalon arabe venu avec l'armée d'Orient.

J'écris, d'après ma conviction intime, que l'agriculture ne peut être poussée dans l'Empire à son dernier degré de prospérité que par un semblable système, et que le Ministre de l'Intérieur ne peut avoir d'heureux résultats dans cette immense attribution que sur les rapports d'Inspecteurs riches, probes, amateurs et connoisseurs dans ce premier des Arts. Je ne suis entraîné ni par l'ambition ni par le besoin des places; c'est le bien public et la régénération de notre agriculture, que je voudrois voir surpasser celle angloise, qui m'ont porté à faire imprimer mes idées et mes résultats, et à continuer de présenter à mon Souverain le quatrième Rapport ou Compte rendu pour l'année 1809, sur l'état de situation et les progrès de la seule Ferme expérimentale et Haras d'expériences Destournelles de Flandre, existant dans l'Empire sur les fonds d'un grand propriétaire; ayant eu l'honneur depuis l'an X de les remettre moi-même à S. M. l'Empereur. Mon rapport étant cette année plus volumineux que les autres, je l'ai fait imprimer, et fait graver trois planches relatives aux différentes races en chevaux, chèvres de Syrie, sanglier de l'Inde, dont la race croisée existe seule dans ma Ferme expérimentale; et aujourd'hui leurs élèves, attendu l'importance de leurs produits, existent en partie à Malmaison, en ayant fait hommage à Sa Majesté; et à Grosbois, en ayant offert également à S. A. S. le Prince de Neufchâtel.

L'utilité, pour propager ces nouvelles races en grand dans tout l'Empire pour la prospérité de son commerce et de son agriculture, est constatée par les certificats, imprimés à la suite de cet Ouvrage, des Maire et Sous-Préfet, et procès-verbal de la Société d'Encouragement pour l'industrie nationale du département de la Seine, d'après le rapport des Commissaires de la Section des Arts à laquelle j'avois présenté les mémoires et échantillons de ces nouvelles découvertes. Leur rapport est imprimé dans le *Bulletin* de cette Société du mois d'octobre N°. LXIV, page 303.

DE L'INFLUENCE DU GRAND PROPRIÉTAIRE

SUR

LA PROSPÉRITÉ AGRICOLE ET COMMERCIALE,

LORSQU'IL S'OCCUPE DE HARAS D'EXPÉRIENCES ET QU'IL ÉTABLIT DES FERMES EXPÉRIMENTALES.

DÉVELOPPEMENT

Des moyens de faire propager dans l'Empire toutes les belles Races pures de Chevaux arabes, avec la manière dont ils sont traités dans leur pays, ainsi que d'élever toutes autres belles Races de Chevaux étrangers, et d'utiliser pour l'Agriculture et les Haras les Jumens de réforme du Service de Sa Majesté *et de ses Armées; suivi du Compte rendu des nouvelles Découvertes et des Progrès de ma Ferme expérimentale, pour l'année* 1809, *à* S. M. l'Empereur *et* Roi, *faisant suite à ceux précédemment remis à* Sa Majesté.

Amélioration des Chevaux.

La régénération de la race de nos chevaux est une des branches essentielles de notre agriculture, et sur laquelle il est très-important d'appeler l'attention du Gouvernement: aussi dans le compte que je rends à Sa Majesté sur mes travaux, je ne me suis pas borné à dire simplement quels succès j'avois obtenus dans mon haras d'expériences, j'ai cru devoir y ajouter l'énonciation des moyens que je croyois les plus convenables pour hâter cette régénération si essentielle pour notre agriculture, notre commerce et nos armées, et pour conserver notre numéraire en France, et par la suite attirer celui de l'étranger.

La race des chevaux arabes est de toutes celles connues la plus estimée et la plus propre au service des armées. Sa légèreté, sa vigueur, sa souplesse et son extrême agilité la font rechercher généralement (1).

On sait avec quels soins les Arabes élèvent leurs chevaux et l'importance qu'ils attachent à conserver la pureté de la race.

Les étalons arabes et barbes transportés en France donnent des produits qui, en conservant les précieuses qualités de la race, ont généralement, en héritant de leur vigueur, une taille plus élevée. C'est pourquoi il faut avoir soin de leur donner à saillir des jumens étoffées qui aient les jarrets larges, et qui soient plutôt doubles qu'élevées en taille, parce qu'alors les poulains, s'ils ont de la taille, se trouvent proportionnés et ont de la vigueur, sur-tout si on les élève, d'après mes principes, presque sauvages.

L'armée d'Orient ramena d'Egypte environ cent étalons et quarante jumens. Le Ministre de l'Intérieur, par sa lettre du 5 pluviose an X, me fit l'honneur de me choisir pour mettre à ma disposition le premier étalon arabe venu d'Egypte. Il m'engageoit à réunir mes efforts aux siens pour rétablir les belles races de chevaux.

Pour y parvenir, il faut réunir les belles jumens à de beaux étalons. Il est nécessaire d'abord de faire saillir les jumens arabes par des étalons de la même race, afin de conserver cette précieuse espèce. Ensuite on s'occupera de régénérer cette belle race de chevaux limousins, qui est devenue très-rare depuis la révolution par la suppression du haras de Pompadour et qui commence à se rétablir.

Il est de l'intérêt public que les chevaux arabes, barbes et turcs ne soient pas employés comme chevaux de luxe, ou pour le service des armées; ils périroient ou vieilliroient en pure perte. Ce qui peut en rester est entre les mains de généraux et officiers : on pourroit leur proposer des échanges pour d'autres chevaux, ou les leur acheter à un prix raisonnable.

Pour encourager plus efficacement la propagation et l'élève des beaux chevaux, il suffit que le Gouvernement seconde et récompense les riches propriétaires et amateurs qui, passionnés

---

(1) Ce traité de l'amélioration des chevaux arabes est extrait en grande partie d'un mémorie présenté en l'an X par l'auteur à la Société d'Agriculture de Lyon, dont il est membre, et qui l'envoya à cette époque au Ministre de l'Intérieur, en y joignant la demande de quelques jumens arabes pour son haras d'Expériences Destournelles de Flandre, comme le prouve le dépôt de ce mémoire dans les Archives de cette Société.

pour les chevaux, veulent établir chez eux de petits haras d'expériences; ce moyen me paroît le plus sûr pour propager sur le sol de la France les belles races étrangères et y faire prospérer celles nationales.

Il ne suffit pas, pour atteindre ce but si important, que le Gouvernement mette à la disposition des riches propriétaires des étalons, il faut aussi y joindre des jumens arabes ou autres de belles races. Par ce moyen, nous aurons l'espoir de voir nos chevaux égaler et surpasser même les fameux chevaux anglois qui sont évidemment d'origine arabe.

Il est à désirer que plusieurs propriétaires et amateurs se décident, comme moi, à élever des chevaux de race : il n'y a pas de doute que le Gouvernement ne les seconde de tous ses moyens, et on peut assurer que, dans peu d'années, la race des chevaux seroit généralement améliorée en France, et qu'en outre, au moyen d'une bonne administration, on pourroit parvenir à n'avoir que de beaux chevaux dans tous les départemens; quoique nos races actuellement existantes soient totalement abâtardies, excepté celles limousine, normande et navarraine, qui se sont encore soutenues et qui s'améliorent chaque jour par les soins du Gouvernement. Il faudroit envoyer des jumens de race et des étalons dans les autres départemens.

Les Anglois désirant posséder une belle race de chevaux firent venir, au nom du Gouvernement, un étalon nommé *le roi Hérode*, et des jumens arabes. Ils sont parvenus à améliorer cette belle race directe, en y ajoutant par la suite d'autres étalons arabes et barbes. C'est ainsi qu'ils ont obtenu leurs fameux chevaux de course, qui ont cependant plus de taille que les chevaux arabes. Leurs haras bien entendus et bien dirigés fournissent des étalons plus qu'il n'en faut pour les jumens communes, lesquels sont vendus aux cultivateurs, ce qui embellit journellement la race du pays et la rapproche de la belle race.

Il en seroit de même en France, et nous propagerions des chevaux anglois, comme des espagnols et des allemands, avec tous les moyens de les améliorer. Nous possédons trois belles races, la normande, la limousine et la navarraine, et nous devons faire tous nos efforts pour les croiser avec les chevaux arabes, turcs et barbes, dont elles conservent d'ailleurs la beauté, la légèreté et plus de taille.

Il faut croiser les familles dans la même race, mais ne pas croiser immédiatement les races, sans quoi on perd la souche, et on ne retireroit pas tous les avantages qu'on peut se promettre des étalons et jumens arabes. Il en est de même des étalons turcs et barbes croisés avec des jumens de même race.

On confond souvent l'expression de croiser les races avec celle de croiser les familles, parce qu'on dit la race d'un cheval ou d'une jument. Beaucoup de personnes généralisent cette expression, ce qui conduit à une erreur très-nuisible à l'amélioration des chevaux. Elles confondent la race particulière d'un cheval avec la race entière dont le cheval ne forme qu'une famille. Les Arabes, ainsi que les Espagnols, ne croisent jamais les races, mais les familles, en conservant toujours la race de l'étalon et de la jument. Il est donc évident que les Arabes sont dans les bons principes en tirant la race par les jumens.

Manière dont les Arabes traitent leurs chevaux.

Je vais donner quelques détails sur la manière de traiter les chevaux arabes, que j'ai recueillis de divers officiers ou amateurs revenus avec l'armée d'Orient, et des Mameloucks même a leur passage à Lyon.

Les chevaux arabes sont en Egypte nourris avec de l'orge et de la paille hachée qu'on mêle en partie avec du trèfle. On ne les fait boire qu'une seule fois par jour. Les Arabes les font boire entre neuf et dix heures du matin, et les Mameloucks de midi à une heure. On leur donne environ quinze livres de paille et un boisseau d'orge, mesure de Paris.

On est dans l'usage de mettre chaque année au printemps les chevaux au vert dans des enclos où ils pâturent du trèfle. Ces enclos se trouvent sur les bords du Nil. C'est le seul vert qui existe en Egypte, et qui est moins échauffant que celui qui croît en Europe, étant plus monté en herbe. En France, il faudroit le mêler avec de l'orge, ou donner du vert de luzerne pur avec du son à barbotter. Ce genre de nourriture est adopté pour les chevaux, comme pour les jumens. On les laisse passer la nuit dans les clos, en les couvrant d'une couverture ployée en plusieurs doubles. Le matin on la leur ôte pendant les grandes chaleurs. On laisse ordinairement les chevaux au vert pendant deux mois.

Les Arabes tirent toujours race par la beauté des jumens, ce qui est contraire au principe adopté en France où l'on tire race par la beauté de l'étalon.

Les jumens arabes ont l'avantage sur les chevaux d'être plus dociles, plus légères à la course, et capables de supporter mieux la fatigue. Les chevaux entiers s'échauffent plus facilement et sont plutôt fatigués.

Les Arabes ne montent en général que des jumens; ce qui les endurcit à la fatigue, c'est qu'elles n'entrent jamais dans les écuries et qu'elles passent toujours la nuit en liberté et sans être attachées à côté de la tente de l'Arabe. Elles ne portent point de licou, et sont ordinairement entravées avec des cordes qui croisent d'une jambe de devant à une de derrière. La selle, le harnachement et la couverture ployée en cinq ou six doubles pèsent environ un quintal. La dureté de leurs mors, le peu de ménagement avec lequel les Arabes traitent leurs chevaux qu'ils mènent toujours au grand galop et qu'ils montent tous les jours, ruineroient toute autre race de chevaux que la leur, quelque bonne qu'elle fût; mais la nature a doué les chevaux arabes d'une vigueur extraordinaire qui les fait résister à toutes les fatigues.

Les Mameloucks, lorsqu'ils sont de garde, ne montent que des chevaux entiers; ils avoient cependant des jumens à cause de leur beauté.

Il y a plusieurs races de chevaux en Egypte; on y distingue les chevaux des Arabes du désert qui sont tous bons, sur-tout ceux de la race de Syrie et des Bédouins du canton de Naget. La plus belle race est celle des chevaux nommés *kochlani;* on les distingue, suivant les différentes tribus, par des marques de feu.

Parmi les chevaux de la haute Egypte, on en voit qui ont quatre pieds neuf pouces de haut. Le corps est assez bien fait, la tête carrée; quelques-uns ont peu de ganache, d'autres en ont beaucoup; ces derniers ont ordinairement l'encolure courte.

Presque tous les chevaux ont l'oreille basse. Il y a un proverbe dans le pays qui existe aussi en Normandie : *oreille basse, pied léger.*

Les chevaux de la province de Menouf, à la pointe du Delta, sont généralement beaux; ils ont les côtes rondes et la hanche peu saillante. Quoiqu'en général assez bas, on trouve dans le Delta des chevaux de taille, mais dont les jambes sont trop fines pour le corps. Mon étalon que m'avoit donné Sa Majesté provenoit de cette race, mais il étoit parfaitement bien proportionné.

Du côté de Damiette les chevaux sont bons, mais ils ont peu de flanc et ont l'épine du dos et les hanches saillantes.

Les chevaux de l'Arabie et du désert sont presque toujours maigres; ils ont les muscles prononcés, ce qui les rend plus légers à la course et infatigables.

Les chevaux de l'intérieur du pays et des bords du Nil ont les côtes arrondies et les formes plus correctes.

Lorsque les chevaux des Mamelouck sont fatigués, ils les envoient dans un de leurs villages le long du Nil, où ils se remettent promptement par le repos et du trèfle qu'on leur donne; pendant ce temps les Mameloucks se servent de jumens.

Les chevaux d'Egypte sont naturellement très-doux; et quoiqu'un cheval ait sailli, il est aussi doux à la monture qu'auparavant, même dans le moment du saut; si on s'y oppose, il retourne tranquillement à l'écurie. On peut le monter lorsqu'il vient de saillir, et même être accompagné par la jument sans que l'étalon résiste à la main qui le dirige.

Les Arabes guérissent par le feu toutes les maladies accidentelles de leurs chevaux.

Ils ne regardent pas le feu comme un défaut qui ôte de la valeur à l'animal; ils sont dans l'usage de le mettre au garot de leurs poulains dès l'âge de dix-huit mois, prétendant que cela leur raffermit les reins et les empêche de se blesser au garot. Le feu se met au-dessus de l'omoplate, en descendant de l'encolure le long des vertèbres.

Ils guérissent la gourme par trois ou quatre boutons de feu de chaque côté de la ganache le long des avives, ou bien par un bouton de feu au-dessus de la gorge.

Lorsque les chevaux ont la vue affectée, on met le feu autour des yeux; lorsqu'ils ont des surots aux jambes, on les guérit par un petit carré de feu qui enveloppe le surot, et au milieu duquel il y a un bouton.

Ils marquent souvent leurs chevaux avec un fer chaud pour les embellir; ils leur impriment, par exemple, une patte d'oie sur chaque épaule à partir de la jointure; ces marques sont terminées par un rond; ils en font autant à six pouces de l'anus, passant par la jonction de l'os sacrum. Ils font aussi des épis et des couronnes grecques tant sur les cuisses au-dessus du jarret que sur les jambes de devant.

Il y a des provinces et des tribus où l'on est dans l'usage de mettre une ou deux barres de feu avec un ou plusieurs boutons en dedans et en dehors aux jambes et aux jarrets, pour reconnoître la race.

Lorsqu'ils achètent un cheval, les Arabes ne regardent presque jamais son âge aux dents; ils prétendent qu'un vieux cheval, lorsqu'il est bien nourri, est toujours propre au service lorsqu'il a quatre bonnes jambes.

Quoique les chevaux arabes, ainsi que les chevaux limousins, soient très-tardifs, les habitans sont dans l'usage de les monter de très-bonne heure. Aussi voit-on souvent de jeunes chevaux qui ont les jambes arquées, et dont les jarrets par leur allure retroussée indiquent une apparence d'éparvin, qui souvent est causée par l'éparvin même; souvent ce défaut de retrousser provient des efforts qu'ils occasionnent dans les jarrets de leurs chevaux, en les arrêtant tout-à-coup lorsqu'ils sont lancés au grand galop; cette coutume vicieuse fait partie de leurs manoeuvres, et il est probable que l'exercice violent qu'on fait faire aux chevaux de bonne heure arrête leur croissance; c'est pourquoi en général les chevaux arabes sont très-petits.

Les Mamelouks dressent des chevaux au combat en leur apprenant à mordre, à donner à l'ennemi des coups de pied des jambes de devant et des ruades, tandis que le cavalier combat de son côté.

Les manoeuvres de leur cavalerie diffèrent totalement des nôtres; mais il faut que les chevaux arabes aient beaucoup de nerf pour y résister. Ils leur font faire des voltes renversées contre un mur; en chargeant de toute la vitesse de leur cheval, ils l'arrêtent court contre le mur en lançant le dard ou javelot, le font retourner par une volte et se rejoignent pour espadronner. Cette manœuvre exerce le cheval autant que le cavalier; aussi n'y a-t-il pas d'hommes plus adroits pour se battre et de chevaux mieux dressés pour le combat. Ils s'étudient à couper avec leurs sabres une cravatte ou une feuille de papier qu'ils jettent en l'air; quoique ces objets présentent peu de résistance, ils manquent rarement leurs coups.

Les Mameloucks sont armés comme nos anciens chevaliers. Ils portent un casque en acier, d'où descendent sur la figure, en place de visière, trois flèches qui les garantissent des coups de sabre; ils portent une cotte de mailles qui leur couvre le corps et les bras; ils sont armés de six pistolets, tous attachés par des cordons; ils ne rechargent jamais leurs armes durant le combat; à chaque coup qu'ils tirent, ils jettent le pistolet sur l'épaule, où il est retenu par le cordon. Ils portent, en outre, un petit tromblon, qu'ils chargent d'une poignée de balles : cette arme remplace la carabine de notre cavalerie; deux haches, six javelots et des gibernes terminent cet accoutrement, qui ne ressemble pas mal à un arsenal complet.

Exercés dès leur enfance à cette multitude d'armes, ils ne sont jamais embarrassés à s'en servir. Le génie de l'Empereur a jugé, lors de la conquête de l'Egypte, que si notre cavalerie combattoit corps à corps celle des Mameloucks, elle seroit infailliblement détruite. Aussi l'a-t-on toujours fait attaquer par notre infanterie, formée en bataillons carrés, et soutenue par l'artillerie légère; elle a dissipé cette nuée de cavaliers, et a obtenu, par la force de ses baïonnettes et sa valeur à toute épreuve, des victoires éclatantes, dont l'histoire des temps antérieurs n'offre aucun exemple.

Les chevaux arabes font un long service jusqu'à vingt ans et au-delà.

Les Arabes ne saignent jamais leurs chevaux; les François se sont cependant servis de ce remède, et s'en sont bien trouvés. Ils les traitent par le feu, des fomentations et des breuvages qu'ils leur font prendre par les naseaux; ils ne leur donnent jamais de lavemens. Un cheval françois ayant eu une colique violente fut guéri par un maréchal expert du pays, qui lui administra par les naseaux un breuvage dans lequel il entroit du café.

Les Arabes font mystère de leur petit savoir; mais c'est la plupart du temps une simple routine. Ils sont même superstitieux relativement à leurs chevaux; car ils prétendent que telle étoile et tel épi doit préserver son cavalier de tout évènement fâcheux, tandis que tels autres lui seront funestes.

On n'a pu ramener les plus beaux chevaux en France, les Anglois s'y étant opposés, et les ayant achetés à tous prix par vue politique, pour empêcher l'amélioration de nos races; aussi n'ont-ils laissé embarquer que la plus mauvaise nourriture, en moindre quantité possible, en sorte qu'il en est péri plusieurs de ceux qu'on a embarqués, avant d'arriver à Marseille. Aussi le convoi venu du Caire ne nous a procuré qu'une petite espèce d'étalons et très-peu de belles races des Arabes, parce que le choix avoit été mal fait et qu'ils ont souffert dans la traversée. Celui d'Alexandrie en a offert de beaucoup plus beaux. Il en est parti deux cents du Caire et soixante d'Alexandrie. Il y avoit environ trente à trente-six jumens. Ce nombre étoit alors suffisant pour conserver la race directe et obtenir des étalons propres à améliorer notre race indigène, si on avoit suivi le principe de croisement indiqué dans mon mémoire, envoyé en l'an X au Ministre; mais aujourd'hui, quoique ces jumens soient très-âgées, elles peuvent encore nous donner des rejetons de race pure, joints à ceux que nous ont déjà donnés quelques-unes; mais malheureusement très-peu ayant été couvertes par des étalons arabes, les autres ont été couvertes par d'autres étalons, et quelques-unes ne l'ont pas été du tout, et ont fait le service de guerre. Il est donc pressant de réunir toutes les jumens arabes dans les différens haras d'expérience, et de leur donner les plus beaux étalons arabes qui restent.

Pour connoître si les chevaux courent bien et résistent mieux à la fatigue, on a l'habitude, en Syrie, de mesurer toute la longueur du nerf de la queue, après avoir bien examiné si elle n'a pas été coupée étant poulains. Les meilleurs coursiers des Arabes sont les chevaux dont la queue a une palme et quatre doigts de long; plus la queue excède cette longueur, plus elle annonce la foiblesse du cheval.

Les chevaux qui ont la mesure convenable, lèvent, quand ils courent, la queue jusque contre les reins du cavalier; et quand ils l'ont plus longue, ils la portent droite. Les Arabes prétendent qu'un cheval qui a la queue coupée à l'angloise est de nulle valeur, et ils n'en voudroient pas.

Au bout de trois jours, quand les Arabes voient que la longueur de la queue de leurs poulains excède la mesure prescrite, ils la coupent à la bonne longueur par le moyen d'un crin avec lequel ils la lient; l'excédant tombe au bout de cinq jours.

Plus les épis que les chevaux de race arabe ont aux flancs et à la hanche se rapprochent des reins, plus le cheval est en état de bien courir. La meilleure mesure est en la prenant sur les reins, d'une palme et deux doigts contre les deux épis.

La plus grande beauté et bonté d'un cheval consistent dans la longueur du jarret, dont le nerf est détaché comme au lièvre, et dans la légèreté des pieds arrondis pour courir avec plus de vitesse. Dans l'ouverture de son poitrail comme dans l'entre-deux de ses jarrets, quand il court, ses muscles se prononcent et annoncent la force ; les parties osseuses sont triangulaires, notamment en avant du jarret ; qualités que possèdent seuls les vrais chevaux arabes.

Les Arabes aiment beaucoup que le dessous des lèvres de leurs chevaux soit rose ; quand elles sont blanches dans la partie supérieure, ils prétendent qu'ils sont d'un meilleur caractère et très-attachés à leurs maîtres, puisque quand ils s'échappent de l'écurie ou des camps, ils y reviennent d'eux-mêmes. Ceux qui les ont noires n'ont pas le même instinct, et au lieu de revenir au camp quand ils s'échappent, ils se laissent prendre par le premier venu.

La superstition des Arabes, quant aux marques de leurs chevaux, est poussée à l'excès. Quant ils ont une pelotte en tête, plus elle est basse, quoique le cheval soit bon d'ailleurs, moins ils le paient ; plus elle est haute, plus ils mettent de prix au cheval, quand même il seroit de moindre qualité, prétendant que la hauteur est un heureux présage pour les victoires de son cavalier.

Quand un cheval a deux épis au-dessus des lèvres, les Arabes assurent qu'il emporte son cavalier au milieu des ennemis, et qu'il ne revient plus.

Ils prétendent aussi que quand un cheval a une balzane au pied de montoir, son maître a tout le bonheur possible à la guerre et qu'il y gagne beaucoup d'argent.

Un cheval qui a trois pieds blancs, hors le pied droit de devant qui doit être d'une autre couleur, devient très-vieux, faisant très-bien le service. Ces chevaux sont bons, et les Arabes les paient fort cher.

Un cheval qui a le chanfrein blanc se prolongeant jusqu'au bout du nez, qui est ordinairement rose, est très-estimé ; c'est un bon signe. Ces chevaux sont ordinairement bons et ont beaucoup d'ardeur ; les Arabes les paient aussi fort cher.

En général, les Arabes bédouins sont très-superstitieux, et mettent souvent des prix de fantaisie aux chevaux à cause de leurs marques qu'ils considèrent comme favorables pour eux à la guerre. D'un autre côté, ils ne veulent pas même quelquefois d'un excellent cheval, quand même on le leur donneroit pour rien, à cause des augures de mort et de disgrace qu'ils présagent à leur cavalier d'après tels ou tels signes sinistres que porte le cheval.

Les jumens peuvent faire des poulains jusqu'à l'âge de vingt ans ; les chevaux sont d'un bon service jusqu'à trente.

Ils reconnoissent l'âge du cheval, comme nous le faisons en France ; mais quand il passe neuf ans, ils le reconnoissent seulement à l'enveloppe extérieure des dents, à leur couleur et à deux lentilles qu'ils observent, pour les jumens; et pour les chevaux aux dents de la mâchoire supérieure et aux barres qui vont en s'écartant, et à la longueur des crochets.

La race de l'étalon arabe qui fut placé dans ma ferme expérimentale pour le service de mon haras d'expériences provient directement du Delta; mais il est venu au Caire poulain où il a été élevé. Ce qui le faisoit reconnoître, c'est qu'il étoit plus fortement constitué, qu'il avoit les jambes mieux proportionnées relativement à son corps, n'ayant pas cette extrême finesse qui est déplacée dans les chevaux de cette race. Cet avantage provenoit de la bonté des fourrages qui sont meilleurs au Caire que dans le Delta. Les poulains qui proviennent de cette race sont très-doux, d'un bon caractère et fort agréables à monter, et résistent mieux à la guerre; mais ils exigent plus de soins que les autres races, étant d'une constitution plus délicate. Ledit étalon avoit huit ans à l'époque où j'ai présenté à la Société d'Agriculture un mémoire à cet égard, taille de quatre pieds huit pouces six lignes mesuré à la chaîne, poil bai cerise, pelote en tête, deux balzanes postérieures, son manteau tigré de blanc (1). Ordinairement ces étalons sont bons, et donnent leur progéniture aux jumens à la première saillie. J'en ai obtenu de fort beaux produits, dont les plus beaux ont été acceptés par LL. MM. Le jeune cheval entier sur-tout tient parfaitement de la douceur et des qualités de la race de son père.

Saillies en liberté.

On parle souvent d'expériences dans les mémoires et les discours aux Sociétés d'Agriculture, mais presque jamais l'on ne joint à l'appui les preuves par procès-verbal ou lettres officielles. Quant à moi, dans mon mémoire je ne parle que d'expériences constatées et faites à plusieurs reprises. Celle qui m'a été la plus dispendieuse, c'est d'avoir fait saillir huit jumens par les chevaux entiers que M. *de Condé*, inspecteur du Haras de Deux-Ponts, conduisoit pour le compte du Gouvernement, et qui prirent séjour à Lyon en février et mars 1807. C'étoit un peu trop de bonne heure, mais comme ils ne faisoient que passer, j'ai voulu en profiter pour avoir différentes races. D'ailleurs, plusieurs de ces jumens étoient devenues en chaleur, les ayant mises à côté de chevaux entiers, et certainement elles auroient retenu, si elles eussent été saillies en liberté, c'est-à-dire sans leur mettre les colliers et entraves dont on se sert à l'École vétérinaire

---

(1) Cet étalon est mort en l'an XII à l'École Vétérinaire de Lyon d'une maladie chronique qu'il avoit dans le sang, suite des fatigues de l'armée d'Orient, où il étoit la monture de l'aide-de-camp du général *Menou*. Mais il a été aussitôt remplacé à mon haras par un superbe étalon de race kochlany que j'ai acheté très-cher.

et dans plusieurs autres dépôts d'étalons, et sans qu'il y eût un grand nombre de spectateurs pour voir opérer la saillie, parce que, sans nul doute, la contrainte et le bruit que l'on fait nuisent à la conception; car j'ai fait saillir des jumens à ma manière dans l'automne et en hiver dans les plus grands froids, et qui, après les avoir fait venir en chaleur, ont retenu.

Cette expérience de ces huit jumens, que le certificat de M. le Préfet du Rhône, consigné dans sa lettre du 19 mars 1808 imprimée à la fin, prouve avoir été saillies à l'École vétérinaire de Lyon par les étalons en dépôt et dont aucune n'a réussi, m'a confirmé dans mon système de faire saillir en liberté et après avoir éprouvé le degré de chaleur de la jument par un petit cheval entier dressé à ce manège, nommé *boute-en-train;* puisque la jument négresse, la *reine de Congo,* de race éthiopienne sans poils, qui est la neuvième saillie que j'ai fait faire à l'École vétérinaire en liberté et sans autres témoins que ceux nécessaires à la saillie, a retenu et fait un superbe poulain, comme l'atteste le certificat de M. *Bredin,* directeur de cette École, qui prouve qu'elle a été saillie le 3 mai 1807, aussi imprimé à la suite.

Une autre petite jument de race turque a aussi été saillie dans une cour à Perrache par le Servien, petit cheval de même race. Il n'y avoit pour spectateurs que M. *de Condé,* moi et un de ses palefreniers, qui avions été faire un tour de promenade avec ces chevaux. C'étoit pourtant à la même époque des huit jumens. Il n'en a pas même été dressé procès-verbal; et son élève, petit cheval entier, annonce être de la plus grande vigueur, et intrépide à la course et au saut; car aucune clôture ordinaire ne l'arrête dans les pâturages secs, quand il veut revenir à l'écurie pour manger le vert de luzerne, si on ne va pas lui ouvrir la barrière à l'heure accoutumée. Ce vert doit être mêlé avec moitié bonne paille, au fur et à mesure qu'on le leur donne, parce que le vert pur seroit trop échauffant et trop nourrissant pour les jeunes chevaux qui n'ont que des pâturages maigres à parcourir pour les entretenir dans un exercice salutaire, insuffisans pour les nourrir; même pour éviter que, dans le beau temps, ils ne rentrent dans leurs écuries, je fais placer des râteliers doubles portatifs, qui se soutiennent à hauteur convenable, au milieu des parcs volans, et destinés à recevoir ce genre de nourriture ou tout autre, suivant les productions du pays; et l'hiver, je ne leur donne qu'un quart de luzerne sèche et trois quarts de paille. Ce régime et cette nourriture sont les meilleurs que je connoisse dans les départemens du Midi, et particulièrement dans ceux où les foins trop gras causent souvent la perte des yeux et autres maladies.

Une foule d'autres saillies faites dans mon haras m'ont prouvé que le plus grand silence étoit nécessaire, ainsi que la plus grande liberté, sur-tout à la jument, et que ce fût de son propre mouvement et désir qu'elle appelle et reçoive l'étalon. D'ailleurs, en cela, je me rapproche de la loi de la nature.

Il est bien étonnant que l'on s'en écarte dans presque tous les haras; je parlerai de celui de Cluny, où, malgré le grand nombre d'étalons, on compte très-peu de poulains. J'envoyai à la fin de mars ma jument négresse éthiopienne, sans poils, au haras de Cluny, pour la faire ressaillir une seconde fois par le Princisko, beau cheval morave croisé turc, qui avoit déjà fait son premier élève. J'envoyai une autre jument limousine; et la lettre du 4 avril 1809, de M. *de Nompère*, inspecteur de ce haras, imprimée à la suite des autres, m'annonce formellement qu'elle doit être pleine, ayant refusé plusieurs fois l'étalon, après avoir été saillie toujours à la manière accoutumée des entraves et de la contrainte, et ni l'une ni l'autre n'ont retenu à cette époque; ce qui me prouve de plus en plus que cette manière est abusive et contraire à une propagation abondante, et qu'il faut la changer. Je mets en fait que si on avoit la déclaration générale des saillies, et qu'on y comparât celle des produits, on seroit heureux de compter le dixième, joint à ce que l'on fait saillir deux ou trois fois les jumens jusqu'à ce qu'elles refusent. Ce refus est dangereux pour les étalons ardens, parce que la jument étant entravée, on ne peut aisément la faire avancer sans lui occasionner des efforts de boulets ou des enchevretures; il faut donc retirer l'étalon de dessus la jument, ce qui peut lui occasionner des écarts et des contractions capables de lui ruiner les jarrets.

Pourquoi fatiguer ce précieux étalon arabe, barbe, turc, limousin ou normand? Il vaut bien mieux fatiguer le boute-en-train; comme il est habitué à recevoir des coups de pied, et que c'est un petit cheval de peu de valeur, on n'entrave jamais les jumens; et lorsqu'elles refusent ce petit étalon, elles donnent par-là le signe qu'elles sont pleines; comme lorsqu'elles l'acceptent et que l'habitude fait connoître au chef de dépôt ou inspecteur du haras, que si la jument a trop de désir pour le recevoir, la saillie sera mauvaise, parce qu'elle rejettera; il est inutile d'aller fatiguer le bel étalon. Alors on laisse passer un jour ou deux; on la remet à l'épreuve, et lorsqu'elle est dans le désir nécessaire, qu'elle se place d'elle-même pour recevoir l'étalon, on fait retirer le boute-en-train, et arrive l'étalon de race noble, qui opère sa saillie avec toute facilité. Les jumens prises dans le point de désir convenable retiennent de la première ou seconde fois, et on peut facilement les faire avancer après l'opération faite, puisqu'elles sont en liberté; et l'étalon, sans effort ni contrainte, retombe sur ses jambes de devant, et on le ramène tranquillement à l'écurie. Il est évident que de cette manière les étalons dureront bien plus long-temps, et donneront annuellement le double de produit.

Je ne puis que publier ces expériences réitérées; et tout inspecteur conviendra avec moi que mon système se rapproche plus de la nature que tous ceux qu'on met en général en exécution. En Pologne et en Hongrie cela se pratique, même la saillie en totale liberté du cheval entier et de la jument; et pourquoi donc en France ne donneroit-on pas un ordre général pour que cela fût suivi dans tous les haras? Je crois qu'il y en a quelques-uns qui commencent à le pratiquer dans le midi de l'Empire.

C'est à Sa Majesté à en ordonner ce qui lui plaira; mais, sans nul doute, les étalons arabes de son haras de Viroflay seroient bien moins fatigués, et les produits en seroient bien plus nombreux, si on y adoptoit mon système.

Le petit cheval entier, nommé boute-en-train, par ses caresses, excite les jumens qui ne sont pas en chaleur à le devenir, et souvent elles ne le deviendroient pas sans ce manège, comme j'en ai vu des exemples.

Précieuses qualités du vert de luzerne et utilité des parcs volans.

Tous les ans je fais prendre, même à mes chevaux de la poste impériale des Tournelles de Flandre, le vert de luzerne, en diminuant la moitié de l'avoine et leur donnant une mesure de son. Ils font les plus violentes courses, engraissent singulièrement, reprennent leur vigueur pour tout le reste de l'année. C'est une expérience que j'ai faite contre le vœu de tous les administrateurs de la poste et postillons, et qui me réussit depuis cinq ans. Mes chevaux de charrue sont au même régime, ainsi que les chevaux de mon haras, qui paissent en liberté dans des parcs volans. C'est une nouvelle découverte très-avantageuse pour faire pâturer les luzernes et les prés, soit aux jumens poulinières, soit aux poulains entiers. Par ce moyen on peut aisément les séparer, et sur-tout dans les luzernières, sainfoins et trèfles, qui sont en général dans des terres non closes. Les jeunes chevaux qui aiment à courir gâtoient plus avec les pieds qu'ils ne broutoient régulièrement dans un seul endroit; ils mangeoient trop et devenoient infiniment gras; ce qui est nuisible aux jeunes chevaux. De cette manière on leur fixe ce qui leur convient.

Par le moyen de ces parcs en cordes et filets d'écorces de bois où en jones de mer, comme mes moutons sont parqués, on rendra les plus grands services aux agriculteurs et aux Haras, pour particulièrement profiter de la troisième et quatrième coupe de luzerne, qui ne peuvent se faucher suivant la chaleur du pays. Par ce moyen, on les feroit manger et fumer, en changeant les parcs toutes les vingt-quatre heures. Les chevaux couchent dans ces parcs sur ces luzernes lorsqu'ils ont mangé le jour, en deux repas égaux divisés par une corde transversale, ce qu'il leur faut pour exister seulement et les entretenir ni trop gras ni trop maigres, et tous les jours les gardiens les mènent d'onze heures jusqu'à trois heures courir dans les bois, et les rentrent ensuite dans les parcs où ils prennent leur second repas dans la partie réservée par la corde transversale pour le repas du soir. Au point du jour on change ces parcs avec beaucoup de facilité, à l'aide des piquets et des pieux de fer pour préparer les trous et de la cabane sur quatre roues pour coucher le gardien, où il y a un pont volant en arrière qui élève de trois ou quatre pieds l'homme qui enfonce avec une masse de deux pieds environ les piquets qui doivent avoir huit pieds de long et dix pouces de circonférence dans la grosseur, et en tête un cercle en fer. Pendant ce travail, le deuxième gardien mène les poulains de ce parc promener une heure ou deux dans les pâturages maigres ou les bois; ces mêmes parcs servent à retirer les chevaux la nuit des bois ou pâturages où ils se nourrissent pendant le jour, pour les mettre à l'abri des bêtes fauves et des voleurs, et procurent un grand bien à l'agriculture en fumant ce terrein, et durant ce temps la rosée se lève, et il les ramène aussitôt que le parc est placé pour prendre leur repas du matin; on les fait rester dans des parcs placés pour engraisser les pâturages ou champs où ils ont passé la nuit, et qu'on doit labourer pour y semer au printemps.

Dans une grande pièce de luzerne, attendu la vivacité avec laquelle pousse ce fourrage, ne la faisant pas faucher et la divisant en douze parties égales, le parc revient toujours dans un fourrage renaissant, toujours meilleur et constamment fumé par l'urine et la fiente des chevaux, des buffles ou des chèvres, sans que ces dernières, qui rapportent infiniment de lait en suivant cette manière, puissent faire mal à aucun arbrisseau (1). Elles produiront un nouveau lainage et poil superfin d'après mes nouvelles découvertes.

Ce genre de parcage réglé épargne au cultivateur, pendant cinq mois qu'il dure, la consommation de pailles qu'il réserve pour ses moutons, chevaux de charrue et bœufs. J'éprouverai de nouveau de transporter les parcs au soleil couchant dans les terres à labourer tous les ans, et les pâturages à labourer tous les cinq ou dix ans, pour les faire fumer par les chevaux, les buffles et les chèvres, parce que les luzernes se peuvent passer de cet engrais et qu'elles profitent de celui du jour. Ayant doubles parcs volans, on établiroit les uns dans les terres labourables, et les autres dans les luzernes et les trèfles, pour éviter le transport. Cela rendra le même avantage que le parcage connu des moutons.

Ces parcs seroient de même très-utiles pour les prairies naturelles et utiliseroient singulièrement les pâturages, parce que j'ai reconnu que les chevaux et toutes espèces

(1) Elles ne feroient pas de mal aux parcs volans, quoiqu'étant en écorces d'arbres, parce qu'on auroit soin pour elles de les tremper dans une espèce de goudron qui les préserveroit de la pluie et qui les feroit durer plus long-temps. On se serviroit de filets en cordes de joncs de mer qu'elles ne mangent pas non plus que les moutons, comme j'en ai fait l'expérience.

d'animaux gâtoient aussi dans les prés en temps humides, en les parcourant d'un bout à l'autre, plus d'herbes qu'ils n'en mangeoient, et ne lui donnoient pas le temps de repousser. D'ailleurs leur fiente brûle l'herbe et ne fume pas également, au lieu que le conducteur, avant de changer le parc, auroit le soin avec un râteau de fer de diviser et d'égaliser tous les engrais, ainsi que les taupinières. Cette partie, qui ne seroit plus foulée de douze à quinze jours, croîtroit également et avec plus de vitesse.

Ce sont des vérités et des avantages que tout agriculteur concevra facilement, quoiqu'il ne les ait pas encore éprouvés; et les bénéfices incalculables qu'il en retirera rembourseront avec avantage dans les premières années les frais des parcs volans qui ne coûtent pas cher établis en cordes d'écorce, puisque les deux mètres de grosse corde reviennent à moins de 6 sous, et les petites qui traversent pour le filet à 4 sous, et qu'on peut avoir, à 10 sous le mètre, le filet de deux mètres de hauteur à-peu-près. Reste à se procurer les pieux de bois qui sont percés en deux endroits, où une corde moyenne, bien attachée de quatre mètres en quatre mètres, arrête le parc volant. Cela évite tous les inconvéniens du séjour des écuries et mille accidens pendant l'été, qui arrivent en entrant et en sortant les jeunes chevaux, et cela les rend plus vigoureux; et les grandes qualités des chevaux arabes proviennent en partie de ce qu'ils n'entrent jamais dans les écuries, parce que leur séjour et l'exhalaison des litières les rendent mous. Il résulte de cette éducation privée que les poulains sont de haute taille, sans presque de vigueur. L'hiver, dans les temps de neige, on les retire sous des hangars qui coûtent bien moins cher à construire que des écuries, et on épargne le nombre des conducteurs, dont un seul, à différentes heures, peut conduire et rentrer, soit les jeunes chevaux, jeunes jumens et jumens poulinières, en liberté avec leurs chiens dressés, dans les mêmes bois et dans les mêmes pâturages maigres, ou dans les parcs placés pour engraisser les terres, pour leur procurer un exercice salutaire sans avoir besoin d'immenses propriétés; ces chevaux s'élèvent comme sauvages et seront très-vigoureux. Ce système est très-avantageux pour créer les haras d'expérience et sur-tout très-économique, c'est la seule manière de créer des chevaux de bonne race noble et d'une grande valeur sans des dépenses excessives, et presque dans tous les départemens de la France.

Note sur les meilleures charrues et le moyen de faire des élèves en tout genre.

Pour labourer les terres parquées ou autres, les deux meilleures charrues de France, pour l'usage des jeunes chevaux et des jumens poulinières, sont celle de la Côte-d'Or, qui se construit près Dijon et qui va avec deux chevaux, et celle des Pyrénées près Perpignan, pour aller le plus profond et presque autant que celle de M. *Fellemberg*, en labourant deux fois dans le même sillon avec quatre jumens. Elles ont des roues à cercles en fer, sans jantes.

Le système d'agriculture de M. *Fellemberg* paroît très-coûteux et ne peut être employé que par des agriculteurs très-riches et instruits, pour la partie de son défoncement de terres. Il n'en a pas moins beaucoup de mérite. Le système uniforme d'agriculture que je veux établir et qui convient à la France sera le plus économique et le plus facile à pratiquer par la généralité des agriculteurs, et, détruisant les jachères, doublera encore le produit de toutes espèces de cultures par les engrais et les parcages qui sont propres à tous les départemens, parce qu'autrefois et même à présent on ne connoît l'usage des différens élèves en chevaux, moutons, bœufs et vaches, que dans les pays de prairies et de bois; et par le moyen de mes prairies artificielles de tout genre et de mes parcs volans, j'en élèverai d'aussi beaux et d'aussi bons dans les départemens privés d'abondantes prairies et de vastes pâturages. Tout peut être régularisé et prospérer en agriculture, lorsque le résultat des expériences a prouvé à l'observateur que l'agriculture a des sources inépuisables de prospérité lorsqu'on en sait tirer tout le parti dont elle est susceptible; mais il faudroit des écoles publiques dans des fermes expérimentales.

Description d'une jument négresse sans poils, présumée éthiopienne.

Je vais maintenant entrer dans des détails sur une jument négresse, sans poils, présumée éthiopienne, et prouver que c'est une race inconnue, dont les auteurs ne parlent pas, et que d'autres prétendent être des chevaux marqués de ladre. Comme j'en ai vu, je peux assurer qu'ils n'ont rien de commun avec la conformité de l'espèce de la jument sans poils que j'ai à mon haras d'expérience. Ces chevaux ladres n'ont que quelques parties du corps sans poils, et sont, du reste, comme les autres chevaux. C'est pourquoi j'ai fait graver cette jument sans poils, telle qu'elle étoit les deux premières années depuis que je l'ai achetée et avant qu'elle ne fît son poulain, que j'élève pour la monture de Sa Majesté, comme étant une superbe race métisse inconnue et croisée de turc; âgé de plus de dix-huit mois. Il est aussi gravé avec sa mère après en avoir fait prendre le dessin bien correct, comme on le voit à la *planche* N°. 1.

Cette jument sans poils me fut vendue à Lyon par un Suisse qui l'avoit achetée d'un Juif qui traversoit, au commencement de l'hiver 1807, le mont Saint-Gothard avec plusieurs chevaux étrangers. Elle étoit âgée de six ans. Il me la vendit dans la crainte de la perdre par les coliques fréquentes qu'elle prenoit et qu'on ne calmoit que par les remèdes usités en pareil cas. Il me dit qu'il ne l'avoit eue de ce Juif que parce qu'il la croyoit presque morte d'une de ces coliques qu'elle avoit prise chez lui. Lui ayant demandé d'où il l'avoit eue, il avoit répondu qu'elle venoit de la Calabre, et que la personne qui la lui avoit vendue très-cher l'avoit trouvée sur le bord de la mer, ce qui lui faisoit croire qu'elle y étoit arrivée par le naufrage de quelque bâtiment, parce que ce n'est point une race de la Calabre. Ce Juif croyant cette jument presque morte la regrettoit beaucoup, disant qu'il l'auroit menée à Paris, où il l'auroit vendue un prix exorbitant.

Le Suisse qui me l'a vendue vouloit aussi la mener à Paris, et sans ses coliques il ne s'en seroit pas défait; mais craignant aussi de la perdre il me la vendit cher; mais il n'étoit pas consolé de ne l'avoir pas menée à Paris.

Je la fis partir pour mon Haras, et là je la fis soigner avec beaucoup d'attention. Elle eut besoin plus d'une fois du vétérinaire pour venir à son secours et lui calmer ses coliques. La dernière qu'elle eut me fit passer la nuit avec le vétérinaire à lui donner des secours, craignant de la perdre. Ce vétérinaire habile, nommé *Gayot*, habite la commune de Saint-George et peut certifier ces faits.

En observateur et amateur, je m'occupai de lui donner différentes qualités de foin, du regain, de la luzerne, du trêfle, de la mêlée deux tiers paille et un tiers bon foin; et je remarquai pendant un an que lui durèrent ses coliques chez moi et qu'il lui sortit une humeur par les yeux, que c'étoit quand elle mangeoit trop de foin ou trop de trêfle sec et d'avoine qu'elle prenoit ses coliques. Alors je ne lui fis plus donner que de la paille de froment, la meilleure que je pus me procurer, et brisée au rouleau, et à midi seulement de la mêlée avec trois livres de foin de première qualité et deux picotins d'orge par jour.

Cette nourriture, qui se rapprochoit de celle des chevaux des régions les plus chaudes, fit cesser toutes les coliques. Étant devenue pleine elle s'est acclimatée, et à l'aide de cette nourriture avec de la paille hachée, et l'été un peu de son et le vert de luzerne; elle devient excessivement grasse dans les grandes chaleurs, et l'hiver elle maigrit. Ce qui m'a encore prouvé que c'est un animal des pays les plus chauds.

Cette jument est dessinée dans son état d'embonpoint en été, portant la queue comme les chevaux arabes et turcs, sans avoir jamais eu aucune incision; l'hiver, sa queue se baisse et est constamment serrée entre ses cuisses et placée en spirale. En général, tout son corps a l'air de souffrir; alors je l'ai fait couvrir, et elle couche constamment avec ses couvertures.

Voyant que M. *de Buffon* ni aucun naturaliste ne parloit de cette race, je me suis procuré des chiens turcs dont la peau a beaucoup de ressemblance avec celle de la jument, et étudiant les rapports qu'il y avoit entre ces deux animaux, qui sont sans nul doute du même pays, j'ai donné le nom à cette jument négresse d'Ethiopie de *reine de Congo*.

Voici les rapports qu'il y a entre les chiens turcs et cette jument : c'est que l'influence de la température de la France produit le même effet dans la circulation et chaleur de leur sang dans leurs extrémités, ce qui annonce qu'ils sont du même pays. J'ai observé que dans l'été la jument et la chienne que j'ai élevée avec elle sautoient, portoient toutes les deux la queue en l'air ; la jument avoit un galop plus doux et plus agréable que celui des chevaux ordinaires. Toutes deux avoient le corps brûlant d'une chaleur vraiment africaine et leurs extrémités froides comme glàce, et l'hiver toutes les deux la queue resserrée, le corps frais et les extrémités brûlantes à faire sensation en les touchant. Tous les naturalistes qui en voudront faire l'expérience et qui me feront l'honneur de venir me voir en seront convaincus eux-mêmes, puisque j'ai encore la jument et la chienne.

Certainement cette analogie m'a fait dire avec raison que cette jument étoit des régions lointaines et appartenoit au voisinage du pays des chiens turcs, et que c'étoit une race même première par sa vigueur, sa légèreté, son instinct et sa douceur. Revenons maintenant à sa conformation qui prouve encore bien davantage que c'est une race particulière.

D'abord j'ai découvert, dans l'intention où j'étois de lui faire passer l'humeur de ses yeux par un séton que j'ai ordonné de lui faire entre les deux jambes de devant, qu'elle n'avoit pas de peau, et *Gayot*, vétérinaire, donnant le coup de bistouri, en fut aussi étonné que moi, voyant que le tissu cellulaire et la chair ne faisoient qu'un. Il lui fut impossible par conséquent de faire tenir son séton à l'angloise. Au cou même cérémonie, et nous finîmes par lui percer en dessous de la ganache de part en part la chair et la prétendue peau, pour y passer des morceaux de plomb que nous avons tortillés en dehors, qui ont formé des sétons qui lui ont duré très-long-temps, et qui ont fait disparoître les maux d'yeux.

On peut donc considérer que cette jument a une simple épiderme sur le corps et qu'elle est aussi douce que la peau d'une négresse. L'été elle est couleur de bronze foncé, et dans les plus grandes chaleurs a la peau huileuse comme les négresses, mais bien plus douce que les chiens turcs. L'hiver cette épiderme devient d'un gris foncé, avec assez souvent des petites dartres farineuses en plusieurs endroits ; en cela elle suit le naturel de la peau des négresses qui sont très-noires et huileuses l'été, et l'hiver ou quand elles sont malades sont moins noires et ont la peau sèche et farineuse. Ce qui prouve à l'évidence que c'est une bête de race africaine, et que ce n'est point de ces bêtes tachées de ladre que l'on voit dans tous les pays et dont les auteurs parlent.

Plusieurs critiques prétendoient qu'on l'avoit épilée ; d'autres prétendoient qu'il existoit une race semblable à Annecy : on adressa même de ce pays des lettres à l'École vétérinaire de Lyon, dans lesquelles on annonçoit qu'il y avoit un étalon. M. *Hénon*, professeur aussi instruit que regretté comme une perte irréparable pour le département et l'École impériale, me prévint de cette lettre. Je le priai d'écrire que je payerois 100 louis ce prétendu étalon si on me l'amenoit. Il est encore à venir, et M. *Hénon* n'eut aucune réponse, parce que c'étoit une lettre faite à plaisir, dans l'intention d'atténuer l'importance que je mettois à découvrir cette race inconnue et à la faire propager. J'étois persuadé que j'aurois les plus beaux élèves de France, et effectivement le sien est superbe et sera encore surpassé par celui que j'aurai de son croisement avec mon cheval arabe de race kochlani.

Il suffit de considérer la forme de cette jument pour la déclarer des régions les plus chaudes de l'Afrique et inconnue jusqu'à nos jours. Il suffit de remarquer sa croupe et ses hanches d'une largeur extraordinaire, et particulièrement de considérer tous les plis et replis prolongés depuis son garot jusqu'au haut de son encolure, cette bizarrerie de la nature, qui à vingt pas fait croire que ce sont des crins qui tombent de chaque côté; et lorsqu'elle paît dans les prairies et qu'elle baisse la tête, la peau est toute unie. Aucun cheval d'Europe n'a cette conformation, donc elle est africaine. Elle tient en cela de la nature du dos et de la tête de l'éléphant qui ont des replis sur la peau.

Une autre particularité de l'épiderme qui couvre son corps, c'est qu'un rien l'écorche, pour peu qu'elle se frotte contre les murs ou contre les planches; même avec l'ongle on lui fait une plaie. Cette plaie présente d'abord une couleur rougeâtre; il s'y forme une croûte, elle tombe; on voit l'épiderme blanchâtre de huit jours en huit jours, d'abord rose, puis grise, enfin bronzé qui est sa couleur naturelle. Je crois m'être aperçu que, chez les négresses, c'est à-peu-près la même chose lorsqu'elles se blessent: ce qu'on ne voit dans aucune espèce de chevaux.

Nous pouvons affirmer tous les faits que nous avançons, et depuis qu'elle a fait son poulain, elle s'est acclimatée au froid de nos hivers; mais comme elle n'a des couvertures qu'autour de son corps et qu'on la fait promener hiver comme été, le froid a fait pousser un poil très-rude dans le bas des jambes, autour des boulets, et qui, chaque hiver, croît d'un pouce ou deux en se rapprochant des genoux, mais il n'a pas passé les articulations.

Aux lèvres supérieures il a commencé à lui pousser, l'hiver dernier, des espèces de moustaches qu'on me mande avoir augmenté. Les hivers précédens il lui étoit aussi poussé par tout le corps quelques poils très-longs et très-fins, et qui ont tombé l'été dans les grandes chaleurs; mais ceux des boulets et des paturons sont restés depuis

4

un an, puisqu'elle a été deux ans sans prendre de poil, y ayant trois ans que je l'ai. A l'encolure ni à la queue le crin n'a donné aucune apparence de reproduction.

Les neiges, le froid et le changement de climat ont naturellement dû faire cette nouvelle production de poils aux jambes.

Cette jument est très-bonne poulinière et a le double de lait des jumens ordinaires; car après avoir bien allaité son poulain, il paroissoit qu'elle avoit encore beaucoup de lait.

Son poulain a du crin comme les autres chevaux et a le poil un peu plus raz que celui de nos chevaux françois. Il n'en a point autour des naseaux et de la lèvre inférieure; il y a eu un moment où je croyois que presque toute sa tête auroit été sans poils; ce qui annonce encore que c'est incontestablement une race, puisqu'elle a communiqué à une partie de la tête de sa pouliche la qualité de sa peau.

Cette pouliche a aussi pris de sa mère sa belle encolure, sa jolie tête quoique un peu carrée comme les chevaux arabes, et sur-tout de superbes yeux. Elle n'a pas pris la vilaine croupe de sa mère; elle a tiré race de ce côté des belles formes de son père. Elle porte la queue quand elle court comme les chevaux arabes; elle est infiniment légère et a franchi plusieurs fois à l'âge d'un an les parcs dans lesquels je la plaçois et qui avoient six pieds de hauteur, avec un autre poulain de race pure turque qui a deux ans et qui est d'une légèreté inconcevable pour franchir les clôtures et toutes espèces de fossés, quand il ne se plaît pas dans l'enclos où on le renferme.

M. *de Lasteyrie*, membre de notre Société d'Encouragement, très-bon naturaliste, et qui a voyagé avec fruit, a apporté de l'Allemagne une note sur un cheval sans poils, qu'on lui a dit avoir été pris à l'armée turque. C'étoit en 1801 qu'il étoit en Allemagne. Il m'a même assuré avoir fait mettre ces détails dans un journal de ce temps, ce qui vient à l'appui de mon système que ma jument est une race qui vient des régions les plus chaudes. Il m'a aussi été assuré par un voyageur que le prince d'Esterhazy, au couronnement du précédent Empereur d'Autriche, montoit un cheval sans poils qu'il avoit fait ferrer par ostentation avec des fers d'argent.

M. *de Lasteyrie*, qui demeure en son hôtel, rue de la Chaise, pourra attester ce qu'il a avancé; mais en France des gens jaloux, peut-être soldés par les Anglois, cherchent à nuire aux découvertes nouvelles et à la prospérité agricole, en dépréciant toutes les découvertes et les travaux des grands propriétaires dans ce genre.

Voilà tous les renseignemens que j'ai pu me procurer sur cette jument; mais personne n'a pu me dire le lieu où existe cette race. Je laisse aux naturalistes et à de nouveaux voyageurs à en découvrir la vraie origine.

En attendant, je considère et j'ai reconnu que ses produits étoient très-précieux à propager en France pour faire une nouvelle race de chevaux métisse, excellente sur-tout pour les croiser avec des chevaux arabes de premier sang noble, comme je m'en occupe. J'aurai toujours découvert et propagé une nouvelle race croisée de chevaux inconnue.

Si le Gouvernement continue à s'occuper de l'amélioration des chevaux par les étalons de races pures et étrangères, et cherche aussi à se procurer des jumens de même espèce, il entretiendra la pureté de ces races; mais je regarde comme indispensable de croiser des jumens étrangères avec nos étalons de belle espèce françoise, pour en observer le résultat et juger lequel est préférable du produit venu par l'étalon étranger et nos jumens; ou de celui des jumens étrangères avec nos étalons, ou de belles races étrangères avec des étalons de même race, en suivant mes principes nouveaux. On dira qu'on a fait plusieurs fois cette expérience, mais on ne sauroit trop la réitérer. Cette manière est aussi celle des Arabes, et nous finirons comme eux par créer une race dite *noble.*

Nous avons besoin de faire procréer dans l'Empire les belles races étrangères, afin de nous procurer par des haras d'expérience disséminés des étalons de race noble qui régénéreront dans tout l'Empire la belle espèce de chevaux; mais il paroît nécessaire pour ce grand œuvre que Sa Majesté établisse dans plusieurs départemens deux haras d'expérience de chevaux de même race pure, composés chacun d'un étalon et huit jumens, aux fins de commander impérativement le croisement des familles sans changer de race, et sans que le chef de dépôt ou garde-étalon ait besoin de s'en occuper en changeant les étalons, ou en tenant des registres très-exacts pour éviter la consanguinité de père à fille et de frère à sœur.

Mes principes à l'égard de ce croisement des familles sont ceux que suivent les Arabes, ceux que nous ont indiqué les expériences faites, non seulement à l'égard des mérinos, mais encore sur la reproduction des gramens; car il est démontré que, si on sème dans une terre un grain qui en est provenu, il dégénère sensiblement, et qu'au contraire il s'améliore en le changeant de terrein.

Voilà l'ordre qui seroit suivi :

L'étalon arabe qui aura sailli pendant trois ans consécutifs les mêmes jumens d'un haras d'expérience, et servi en même temps quelques jumens des propriétaires, passera avec les jeunes poulains entiers qu'il aura produits au second haras d'expérience de même race, et l'étalon qui y étoit avec ses poulains mâles ira en remplacement au premier haras où il saillira les jumens pendant trois ans. Les jeunes chevaux entiers, lorsqu'ils prendront quatre ans, sailliront aussi pendant trois ans les mêmes jumens et leurs élèves,

4 *

et ensuite on vendra ou on placera dans les haras ordinaires ces étalons pour faire des races croisées, ainsi que les jeunes chevaux entiers qui proviendront de ces haras d'expérience, et qui se changeront aussi alternativement tous les trois ans.

De cette manière le croisement ne s'opérera jamais ni entre le père et la fille ni entre frères et sœurs, mais seulement à la troisième génération où le croisement devient avantageux, tandis qu'à un degré plus proche la race dégénère.

Le grand naturaliste, M. *de Buffon*, prétend avec raison que c'est pour éviter cette dégénération parmi l'espèce humaine que les peuples civilisés ont défendu le mariage entre le père et la fille, et le frère et la sœur. Les Arabes suivent exactement ce principe, et ont les meilleurs chevaux du monde. Les Polonois pour leurs différentes races, même celles presque sauvages, suivent les mêmes principes. Le comte de Mozinski, de la Pologne Russe, m'a assuré qu'un de ses voisins, qui avoit l'amour-propre d'avoir la plus belle race de chevaux, ne voulut pas suivre l'usage du pays, qui étoit de changer les étalons; il voulut constamment perpétuer la race sans croiser les familles. Cela a formé en Pologne une race qui s'est abâtardie et qui est devenue très-petite et bien inférieure à celles de ses voisins, qui ont conservé l'habitude de troquer leurs étalons de même race.

Voici comment il seroit convenable de répartir les différens haras d'expérience.

Dans le département des Bouches-du-Rhône et à l'île de la Camargue, des chevaux persans de la grande espèce.

Dans le département de l'Aveyron, à Rodez, on conserveroit le haras d'expérience de chevaux arabes, qui échangeroit avec celui de la Haute-Vienne.

Dans la Haute-Vienne, un seul haras de chevaux arabes.

Dans le département du Rhône, à mon établissement, un seul haras de chevaux arabes, qui échangeroit avec celui de Viroflay dont il seroit succursale.

Dans le département du Calvados, des chevaux barbes.

Dans le département des Ardennes, des chevaux sardes;

Dans le département du Mont-Tonnerre et de la Forêt-Noire, des chevaux polonais;

Dans les montagnes des Vosges, des chevaux de la plus belle race hongroise;

Dans les Deux-Nèthes, des chevaux du Holstein, de la grande taille.

Dans le département de l'Ourthe, des chevaux hanovriens de la plus belle espèce;

Dans le département de la Côte-d'Or, des chevaux espagnols;

Dans les Pyrénées, des chevaux turcs de la plus belle espèce;

Dans le Cantal, des chevaux serviens, qui sont vigoureux, de petite taille, et bons pour la cavalerie légère;

Dans le Jura et le Doubs, des chevaux transylvains.

Par le moyen de ces douze races, que l'on propageroient et entretiendroient pures; on verroit dans ces différens départemens prospérer les unes chez les riches propriétaires qui s'en chargeroient, et dont le Gouvernement paieroit la nourriture; les autres, par les soins des Préfets qui seroient chargés de les entretenir aux frais de leurs départemens; les autres, enfin, dans les propriétés nationales ou affermées par le Gouvernement et entretenues à ses frais; quelques-uns dans les bergeries impériales, comme celles de Perpignan et de Saint-Georges, département du Rhône, qui est sur mes établissemens, puisque les bâtimens, domaines et tout ce qui est nécessaire sont prêts pour recevoir ce haras d'expérience du Gouvernement. On est dans l'erreur lorsqu'on croit que les moutons nuisent au pâturage des chevaux; au contraire, mutuellement ils se rendent service, et on profite d'un pâturage meilleur pour les moutons, lorsque des jumens et poulains y ont mangé tout ce qu'ils y ont à manger. Lorsque les chevaux vont à d'autres pâturages, les moutons y arrivent, utilisent ce restant de pâture, qui leur est plus salutaire, s'y nourrissent à merveille et le fument par leur crotin, et l'herbe n'en devient que plus belle, quand les chevaux reviennent au bout de quinze jours les pâturer et ainsi de suite. Les jumens du haras servent à voiturer les fourrages et pailles immenses qu'il faut pour la bergerie, et à labourer les terres; exercice salutaire pour les jumens.

Ces trois genres d'éducation feroient connoître à Sa Majesté lequel seroit préférable et le plus économique, et alors on l'adopteroit dans les années suivantes.

Si les essais qu'a fait faire Louis XIV pour propager des races pures de chevaux turcs et arabes n'ont pas réussi, c'est qu'on n'a essayé que d'une seule manière et par une éducation privée au haras de Saint-Léger. On n'a pas croisé les familles, et la dégénération est sûre, lorsque l'étalon père saillit sa propre production; puis on a voulu obliger ces animaux à adopter tout de suite la nourriture françoise; et je suis un système tout différent : je veux autant que possible leur conserver leur nourriture et leurs usages, comme de les faire abreuver une seule fois par jour, ainsi que cela se fait en Barbarie et chez les Arabes, et de les laisser presque toujours dehors ou sous des hangars, en leur mettant plusieurs doubles de couvertures et les rentrant dans les écuries seulement dans les grands froids, mais non leurs élèves d'un an. On sait que les soins des grands propriétaires ou d'une administration départementale qui regarderoit son haras comme sa propriété, seroient mieux entendus que ceux que l'on donnoit dans les haras que *Colbert* venoit de créer, et peut-être que dans les administrations du Gouvernement.

Je peux prouver que la race pure arabe ne dégénère point, et que ses poulains ne sont point d'une taille extraordinaire; je citerai l'élève que j'ai vu chez S. A. S. le Prince de Neufchâtel, âgé de quatre ans, et nommé *Sélim*, provenant de la jument arabe nommée *Arabe*, et d'un étalon arabe du haras de Viroflay.

Cet élève est rempli de qualités et de vigueur, est de la même taille que sa mère, et pourroit dès à présent croiser les races. Il y en a aussi dans les haras de L'EMPEREUR et dans celui de race pure de Rhodez.

Il est constant que toutes les races de l'Europe peuvent prospérer dans l'Empire par les différentes températures de ses département, et sur-tout depuis l'immense quantité de luzernières et prairies artificielles qu'on fait et qu'on ne sauroit trop faire.

Si Sa Majesté veut, elle peut enrichir son commerce et son agriculture de toutes ces belles races, en les faisant demander aux puissances voisines par ses ambassadeurs à prix d'argent. Jalouses de conserver sa beinveillance et son appui, elles en feroient hommage à sa puissance. L'essentiel, c'est que les ministres chargés de cette partie, choisissent ce qu'il y a de mieux en fait de jumens; et, en moins de six ans, nous n'aurons plus besoin d'aller acheter à grands frais tous les ans une infinité d'étalons étrangers pour fournir à nos haras et dépôts. Nous les aurons à choisir dans les plus belles races du monde; et au lieu d'être tributaires des puissances nos voisines, telles que le Dannemarck, la Servie, la Moldavie, la Hongrie, l'Allemagne, la Prusse et la Suisse, elles seront obligées de venir en France pour se procurer des belles races pures, et nous éviterons par cette nouvelle espèce de richesses l'émission de notre numéraire à l'étranger. D'ailleurs la guerre nous détruisant des chevaux de toutes parts avec une rapidité étonnante, il convient de les remplacer par les grands moyens que notre situation actuelle nous procure.

Observations sur la bonté du tabac de Virginie et de Hongrie venu dans ma ferme expérimentale.

En perdant momentanément les îles, il faut favoriser le commerce intérieur de la France et de l'Espagne, et l'enrichir par toutes les productions de l'étranger, que nous sommes sûrs de naturaliser; et même encourager à chercher par de nouvelles expériences à nous procurer les productions de nos îles, comme je l'ai fait dans ma ferme expérimentale, en y cultivant le tabac et sur-tout celui de Virginie, qui y est venu à merveille, et dont je me sers chaque jour pour mon usage et celui de mes gens, comme j'en ai fait mention dans mon deuxième compte rendu à Sa Majesté.

J'aurois continué cette culture avec avantage, si je n'avois pas été soumis aux prix que vouloient me donner ceux qui ont seuls le privilège de fabriquer. Et si aujourd'hui on fixoit un prix régulier pour le tabac indigène de Virginie et de Hongrie, je rétablirois sur-le-champ mes établisssemens; et si on laissoit la jouissance à ceux qui cultivent de préparer leur tabac en cigarres seulement, sans payer le droit, on se passeroit de celui des îles. Les fabriques de tabac privilégiées continueroient seuls de fabriquer le tabac en carotte et en poudre.

L'Empire françois possède une foule de richesses agricoles qui sont encore inconnues, et si on encourageoit les expériences, il s'en feroit bien plus; car on ne peut ignorer que toute expérience coûte beaucoup dans son principe, et si l'État ne donne des secours, elle s'anéantit dans le moment qu'elle arrive à son succès. Il n'y a donc que le Gouvernement lui-même qui puisse les faire ou les encourager.

Les Arabes, comme nous l'avons déjà dit, tirent race par les jumens. Lorsqu'une jument est en chaleur, ils cherchent un bel étalon de race pour la saillir. Il ne suffit pas qu'un étalon soit bon et beau, il faut prouver, par acte de naissance, qu'il est de race directe, afin que la jument ne déroge pas; car le produit pourroit avoir des qualités de la race bâtarde du père.

Les Arabes distinguent deux races dans leurs chevaux; l'une parfaitement pure, et dont ils ont la généalogie positive de temps immémorial, et que la tradition fait descendre du temps du roi Salomon; l'autre, quoique moins ancienne et pas aussi pure, n'en est pas moins bonne.

L'acte de naissance d'une jument désigne la race, la généalogie, le nom de ses père et mère, et en général la généalogie par les mères.

Une jument vaut ordinairement un tiers de plus qu'un cheval; c'est-à-dire que d'un cheval et d'une jument égaux en taille, en beauté, en bonté et de même race, la jument se vendra un tiers de plus que le cheval, toujours d'après ce principe, qu'une jument est meilleure pour le service qu'un cheval, et que par sa fécondité, elle est la fortune de l'arabe.

Au reste, en examinant la race normande et limousine, nous trouverons que les jumens de cette race font un meilleur service et sont plus agréables que les chevaux.

En Angleterre, on suit le même usage, on conserve la belle race de père et de mère, et lorsque dans cette race un cheval a marqué de la supériorité sur les autres par la course et la fatigue, on l'emploie de préférence pour couvrir les jumens de race, et lorsqu'on amène des jumens à cet étalon reconnu, il faut prouver que la jument est de race, afin de ne pas employer à demi-perte le saut du cheval.

Il seroit à désirer que tous les propriétaires d'étalons et de haras, ou les amateurs qui élèvent des chevaux, suivissent le même exemple et fissent certifier le saut d'un étalon par le propriétaire, assisté de deux témoins, sur un registre qui contiendroit tous ces procès-verbaux; on y ajouteroit le signalement du poulain à sa naissance, et l'extrait en seroit délivré par le propriétaire à la personne qui sera dans le cas d'en faire l'acquisition; les registres seront visés par les inspecteurs généraux des haras à chaque tournée ou par les maires.

Je possédois en l'an XI cinq belles jumens, deux normandes, une limousine, une hongroise et une du Holstein, dont j'ai obtenu de beaux poulains par le croisement avec mon étalon arabe. Je m'en suis procuré d'autres depuis, et un autre étalon arabe.

On manqueroit le but de la régénération de nos chevaux, si on continuoit à faire venir des étalons de race étrangère, sans faire venir aussi des jumens, et sur-tout si on ne cherchoit pas à faire oublier ce funeste et ancien système, qui faisoit croire qu'on ne pouvoit élever de beaux chevaux qu'en Normandie, en Limousin et en Navare, tandis qu'il est prouvé qu'on peut en obtenir d'aussi bons par toute la France; mais malheureusement les grands propriétaires et cultivateurs, trop imbus de cette erreur, n'ont encore tenté, comme moi, aucune expérience pour se convaincre du contraire.

Dans le département du Rhône, ainsi que dans d'autres circonvoisins, les jumens, quoique très-communes, et l'espèce peu soignée, peuvent donner des chevaux de la plus grande valeur; j'en ai eu un exemple dans un petit cheval existant à mon haras, qui a vingt-quatre ans; il provient d'un étalon barbe croisé avec une jument du pays, que mon père avoit élevée; ce cheval fait encore l'admiration des connoisseurs, tant par sa conformation qui, sans être distinguée, est bien proportionnée, que par ses mouvemens et sa vigueur (1).

J'espère que mon exemple sera suivi par plusieurs grands propriétaires; je désirerois que le Gouvernement établît chez moi un haras d'expérience, pour lequel mes propriétés sont très-heureusement situées. J'ai beaucoup de prairies, de sainfoins, des trèfles, des luzernes, des bois propres aux pâturages, de vastes bâtimens propres à loger les chevaux, de grands hangars pour mettre à couvert les pailles et les fourrages; enfin, des cours spacieuses, des logemens de toute espèce. Mes propriétés sont réunies dans la situation

(1) Je citerai particulièrement l'élève de race croisé arabe de mon haras, qui est dans les écuries de Sa Majesté, réservé pour faire dans deux ans une de ses montures, n'ayant maintenant que trois ans et demie. Et ceux que j'ai à mon haras dans deux ou trois ans gagneront des prix de course à Paris, M. le Préfet ne voulant pas en demander pour notre département : ils annoncent de faire des chevaux distingués.

la plus propice et la plus salubre sur la grande route de Lyon à Paris par la Bourgogne, au milieu du département du Rhône; et, sous l'ancien Gouvernement, il y avoit toujours eu cinq à six étalons, et, sous le Gouvernement actuel, à côté, un haras établi par le général *Requin*, qui a donné de superbes élèves, et qui n'a été détruit que par la volonté de ce Général, qui a vendu ses étalons, jumens et beaux élèves. Le décret de S. M. L'EMPEREUR, pour avoir un haras d'expérience dans le département, pourroit obtenir son entier effet et auroit, sans nul doute, d'heureux résultats, parce que, quand on établit des haras de ce genre, il faut consulter les localités, et on ne peut les faire fructifier que quand tout y est propice, et non pas quand les localités y sont contraires, comme à l'École vétérinaire, si on n'y achète pas des prairies et des domaines pour les y réunir; et pour les jumens et étalons de races étrangères, il faut, autant qu'on peut, les rapprocher de la température du climat d'où ils viennent. Je vais citer à l'appui de mon système différentes expériences qui se sont opérées depuis le retour de notre armée d'Orient.

Expériences citées pour prouver qu'il faut nourrir les chevaux étrangers, autant que possible, conformément à la nourriture de leur pays.

Les jumens et chevaux furent placés les uns au haras de Pompadour et les autres à Viroflay, et il est constant, d'après tous les détails, que leur tempérament fut altéré par le changement de nourriture, parce qu'on voulut de suite les mettre au même régime que les chevaux françois, ce qui étoit à cette époque une grande erreur, puisqu'on alloit tout-à-la-fois contre le changement de climat d'un extrême à un autre, et un changement total de nourriture qui est le foin d'inférieure qualité et l'avoine; et des personnages peu observateurs diront de suite que les jumens étrangères n'ont pas réussi en France, qu'elles ont donné peu de produits, et que partie de leurs poulains a été de peu de valeur. Ce premier essai manqué peut se placer dans la tête d'un chef de bureau peu agriculteur et encore moins connoisseur dans les haras, et cela suffit pour proscrire les jumens étrangères en France; mais qu'on remonte à la source et à la vérité de ce qui est arrivé depuis, et on verra que j'ai raison dans mon système, pourvu qu'on s'adresse à des amateurs de notre prospérité agricole et de la régénération de nos beaux chevaux en France; tel qu'à M. *de Solanez*, ancien capitaine de cavalerie, chef d'un dépôt et employé au ministère de l'intérieur dans la partie des haras, qui a voyagé, ainsi que moi, dans la majeure partie des haras de l'Europe, et a pris des connoissances locales qui sont bien à préférer à toutes les autres, souvent idéales et chimériques; à M. *de Condé*, inspecteur du haras de Deux-Ponts; à M. *d'Hantoir*, colonel du premier régiment d'artillerie légère, qui doit être employé près du Vice-Roi d'Italie, qui a été en Egypte, grand amateur et connoisseur, et qui a amené avec lui des jumens et étalons arabes qui ont dû passer dans le haras du Vice-Roi.

5

Je n'en citerai pas une infinité d'autres qui sont probablement dans les mêmes principes, parce que je n'ai pas été à même de causer avec eux, et que je ne cite que ce que je connois.

Partie de ces jumens arrivées à Viroflay ayant dépéri, on les transporta à Pompadour, croyant qu'elles y seroient mieux comme pays plus chaud, mais on ne fit pas attention que le pâturage n'y étoit point sain pour les animaux provenant des régions méridionales; et en outre on s'obstina toujours à vouloir leur faire manger et foin et avoine; nouveau dépérissement; elles n'y donnèrent que très-peu de poulains, lesquels périrent par les vers qu'ils avoient dans leurs intestins.

Je dirai que cela a une analogie avec les mérinos, et que la pourriture qui leur provient engendre aussi des vers plats, ce qui est incontestablement l'effet du mauvais pâturage de Pompadour pour les bêtes des régions méridionales, car pour les chevaux du pays ils s'y portent à merveille, et nous avons là de beaux élèves. Pour preuve de ce que j'avance, c'est que le troupeau de mérinos qui étoit à Pompadour y périssoit de la pourriture, et j'en ai vu arriver une colonie à la bergerie impériale de Saint-George établie sur mes propriétés, atteinte de cette maladie; il en est péri plusieurs peu de temps après leur arrivée; et au moyen d'un nouveau régisseur, M. *Hébert*, bon agriculteur et soigneux, et de la salubrité de mes pâturages, le troupeau se porte maintenant à merveille et les élèves y sont superbes, sur-tout ceux qui proviennent de la colonie venue de Perpignan.

On voit donc par ces accidens de vers et de pourriture une espèce d'analogie de ces jeunes élèves arabes avec les mérinos, et dont leurs maux principaux provenoient d'un pâturage qui leur étoit contraire.

Enfin, heureusement pour la conservation du reste des jumens arabes, on les sortit du haras de Pompadour avec le peu d'élèves qu'elles y avoient. Quoiqu'on eût fait la proposition à S. Ex. le Ministre de l'Intérieur, M. de Champagny, de vendre et de se défaire de cette race qui ne pouvoit prospérer, ce Ministre éclairé résista à vendre des bêtes aussi précieuses. Il envoya M. *de Solanez* pour lui faire un nouveau rapport sur leur état de situation, qui jugea que cela provenoit de la qualité des eaux et des pâturages, et de la nourriture françoise, que l'on ne vouloit absolument pas leur changer. De retour près de ce Ministre, il obtint de les faire changer de localité et de les envoyer à Rhodez. Ces jumens arabes étoient dans un tel état de dépérissement qu'elles demeurèrent dix-sept jours pour faire trente-cinq lieues.

Enfin arrivées à Rhodez, de suite on changea la nourriture; on leur choisit des prairies exposées au midi et au levant, en pente, produisant une herbe fine et de bonne qualité ; on les y faisoit passer toute la journée dans la belle saison, et elles rentroient à midi pour recevoir une ration de farine d'orge humectée, on en mettoit même un peu dans leur eau, et la nuit on leur mettoit de la paille brisée telle qu'ils la mangent en Egypte, comme il est d'usage aussi en Espagne, en y mêlant de plus un peu de foin de première qualité.

On auroit peut-être aussi bien fait d'y mêler du trèfle pour leur rendre totalement le genre de leur nourriture d'Egypte. Enfin, les soins que l'on y prit les rétablirent en peu de temps, et bientôt on les vit sauter dans les prairies, leur poil tomber et se renouveler, leur appêtit revenir; et enfin dans le courant du quatrième mois, qui étoit celui d'avril, elles donnèrent des signes de chaleur, on les fit couvrir au mois de mai, elles furent fécondées, et au bout de dix mois et demi elles mirent bas avec succès.

Il est à remarquer qu'elles devancèrent de près d'un mois la mise bas des jumens françoises; elles allaitèrent très-bien leurs poulains, qui sont aujourd'hui âgés de dix-huit mois, se portent à merveille et maintenant donnent beaucoup d'espérances; mais on n'est pas à même d'y suivre mon expérience sur le croisement des familles, puisqu'il n'y a qu'un petit étalon arabe.

Quels résultats avantageux auroient-on retirés de ces bonnes jumens arabes, si, en débarquant à Marseille, on les eût envoyées directement à Rhodez, ou en tout autre endroit où l'exposition du midi et du levant est propice au pâturage qui leur convient, et sur-tout de les avoir nourries en arrivant avec de l'excellente paille brisée, avec un peu de trèfle parmi, de l'orge moulu et de l'orge en paille, et de ne les faire boire qu'une fois par jour de l'excellente eau de fontaine; car je suis persuadé que l'usage de très-peu boire aux chevaux et jumens arabes donne à leurs fibres, à leurs nerfs et même à leur estomac une espèce de vigueur et de bonté que n'ont pas nos chevaux francois; parce que la race de nos chevaux la moins courageuse et qui ont les plus mauvais pieds sont les chevaux bressans, qui sont toujours à pâturer dans les étangs, et boivent incontestablement plusieurs fois par jour. Il est bien plus facile d'accoutumer les chevaux à ne boire qu'une fois par jour en France, que dans l'Egypte qui est un pays très-chaud et où ils ont bien plus besoin de boire, et l'expérience a prouvé aux Arabes qu'ils n'en ont que de meilleurs chevaux. Je vais mettre une partie de mes élèves à ce régime, pour en éprouver le résultat. Il seroit à désirer que dans les haras on fît quelques expériences de ce genre.

Il en est de même des prairies constamment arrosées; les chevaux qu'on y élève n'ont pas la même vigueur que ceux élevés dans les pâturages secs et montagneux, bois et prairies artificielles.

Autre expérience pour les jumens espagnoles qu'il est important de citer. Le grand Écuyer de l'ancienne cour d'Espagne, qui a le plus beau haras d'Andalousie, donna au Gouvernement françois treize belles jumens. Le capitaine de cavalerie chargé de les recevoir écrivit qu'il ne falloit pas les placer à Pau. On ne sait par quelle fatalité elles y furent placées; on crut apparemment bien faire parce que ce haras se trouvoit à un des points les plus méridionaux de la France; mais comme je connois sa situation, on ne se trompoit pas pour le rapprochement du midi, mais on étoit grandement dans l'erreur pour croire que la situation de ce haras et les prairies profitoient de la grande chaleur; lorsqu'on saura qu'il est situé sur le revers septentrional des Pyrénées, et que les pâturages abrités du midi et tournés en plein nord y recoivent toute son influence, que d'ailleurs, sous tous les rapports, ce sont des pâturages froids par leur arrosement qui provient en grande partie des neiges des hautes montagnes des Pyrénées. D'ailleurs, au lieu de leur donner de l'orge et de la paille brisée comme en Espagne, de suite on les traita à la manière françoise. Qu'en est-il résulté, ces bêtes qui étoient arrivées pleines n'ont pu élever leurs poulains; et la seconde année, sur treize jumens, deux seulement ont été pleines. Si on les avoit changées de localité l'année suivante, en les plaçant dans un plus grand éloignement du pied des Pyrénées, vers Auch, Toulouse, dans le département du Rhône, où on a vu les jumens et étalons espagnols du général *Requin*, dans un haras qu'il avoit établi à Boitrais, dans mon plus près voisinage, produire de superbes élèves; ces jumens, si elles y avoient été placées, auroient l'année d'après réussi en y suivant mon système, comme les jumens arabes de *Rhodez* réussissent. Qu'on consulte à cet égard M. *de Solanez*, employé dans les bureaux des haras, homme connoisseur dans cette partie, et les habitans de Rhodez; Ils attesteront tous la vérité de ce que j'avance. Que le Gouvernement me confie de belles jumens et étalons espagnols, et ils ne dégénèreront pas à mon haras: je m'engagerois à les payer au Gouvernement si cela arrivoit; mais je voudrois des palefreniers andaloux pour les soigner.

Je pense que voilà assez de majeures expériences citées, même faites par notre Gouvernement, pour faire connoître au Génie qui nous gouverne que, si l'on fait venir des jumens et étalons étrangers, on ne commettra pas les mêmes erreurs, et qu'on aura grand soin de se procurer des détails véridiques sur la manière dont on les nourrit, dont on les abreuve; s'ils sont élevés dans les bois ou dans les prairies, et si ces prairies sont arrosées ou sèches, quelle espèce d'herbes il y vient, la plus abondante; en un mot, d'amener des palefreniers du même pays pour que ces précieuses jumens et étalons ne changent ni d'habitudes ni de nourriture autant que possible, et qu'on leur trouve des localités qui les rapprochent le plus possible de leur climat ; et alors, sans nul doute, nous conserverons et ferons propager avec succès les races pures en France, qui en peu d'années régénèreront notre race commune, comme ont fait chez eux les Anglois, et les Hongrois.

Lorsque les étalons et jumens étrangers auront produit en France, leurs élèves s'habitueront facilement à nos usages et à la nourriture usitée dans les départemens où ils seront placés, sur-tout au second croisement des races pures ; et alors on jugera s'il est nécessaire de leur continuer le même genre de nourriture et d'éducation étrangère ; en même temps que dans lesdits haras d'expérience, on élèvera moitié des poulains comme ceux françois, et on jugera s'ils dépérissent, et quelle est l'éducation et les alimens qui leur conviennent le mieux, les rendent les plus légers et nerveux. A cet égard, j'aperçois déjà à mon haras, par l'élève de ma jument sans poils, qu'il ne ressent point aucune colique, quoiqu'il pâture dans nos prairies et qu'il mange du foin, étant élevé avec les autres poulains ; et comme la mère seroit malade si elle vivoit comme lui, on continue de la nourrir comme les jumens des régions les plus chaudes.

Idée relative à la conservation des jumens de race réformées et encore propres à la propagation, et moyen de les utiliser.

Je me suis aperçu que les jumens de réforme des écuries de Sa Majesté étoient vendues à l'enchère, comme d'usage, à des prix modiques, jeunes, comme âgées, parce que les jumens hors de service pour le moment sont maigres, boiteuses, et en général dans un état de dépérissement. Comme amateur, j'en aurois acheté plusieurs pour mon haras, si les sommes que j'avois apportées à Paris me l'eussent permis, parce que j'ai l'expérience que les jeunes jumens ou chevaux, lorsqu'ils ont été surmenés, soit à la chasse, soit aux attelages, tombent dans une espèce de langueur, de dégoût et de maigreur, et ont les jambes enflées. On ne peut les rétablir qu'en les sortant de leur travail ordinaire, leur mettant en général le feu et les menant dans les pâturages au vert de luzerne et au travail léger de l'agriculture pendant au moins un an.

Ces jumens ou chevaux reprennent alors leur vigueur, font un service bien meilleur qu'auparavant et sont infatigables. Dans ma poste, je l'ai éprouvé maintes et maintes fois ; et les plus infatigables chevaux que j'y aie sont ceux qui ont passé à l'agriculture pour les rétablir. C'est comme pour les chevaux de rivière et de tirage, les meilleurs sont ceux qui ont eu le farcin.

Les jumens qui ne seroient pas bonnes à reprendre le service resteroient dans les haras ou dépôts établis à cet effet, pour y faire des poulains ; si le nombre en devenoit trop considérable, elles n'y resteroient qu'un an pour les traiter et les rétablir, et aussitôt qu'elles seroient pleines, on donneroit aux cultivateurs voisins les jumens souvent boiteuses par écarts ou piqûres. Si elles étoient jeunes, ils éleveroient pour paiement le poulain pendant deux ans; si elles ne marquoient plus, ils rendroient le poulain au bout d'un an.

Ce poulain qui proviendra en général d'une mère de race et d'un bel étalon du Gouvernement ne pourra faire qu'un bel élève qui reviendra dans les dépôts pour le service des grandes écuries, et qui vaudra le double et le triple de ce qu'on auroit tiré de la jument de réforme si on l'avoit vendue.

Voilà les quatre avantages que l'on retireroit de ce système économique.

Le premier, c'est qu'une grande partie de ces chevaux ou jumens rentreroient au service des grandes écuries, sans même avoir eu le feu et tous dressés au travail pour lequel ils étoient employés. Ils auroient, dans les travaux de l'agriculture de la ferme, du dépôt, ou dans les pâturages en liberté, repris leur vigueur et dureroient très-long-temps. Dans l'ancien régime, il y avoit des maquignons et des agriculteurs des environs de Paris qui achetoient ces jeunes chevaux de réforme assez cher, et au bout d'un an les mêloient avec des chevaux neufs, et souvent les vendoient plus cher pour le même service.

Le deuxième avantage, c'est que ces jumens de race, après être rétablies, si elles ne rentroient pas au service, feroient de très-beaux poulains, soit dans les haras, soit dans les dépôts. Nous n'avons pas assez de jumens de race en France pour les voir passer aux cabriolets ou aux remises à Paris, sans au préalable avoir été rétablies, et pour les voir totalement dépérir au bout d'un an ou deux par un service aussi pénible, et leur génération totalement perdue.

Le troisième avantage, c'est qu'en donnant ces jumens pleines de beaux étalons aux cultivateurs voisins des haras ou dépôts, on a un élève superbe de deux ans ou d'un an pour le dépôt du service des écuries de Sa Majesté. Sans nul doute, ce seroit une économie incalculable et d'un avantage réel pour avoir de beaux élèves, dont l'éducation des premières années ne coûteroit presque rien que le modique prix qu'on auroit tiré de la jument de réforme.

Le quatrième avantage, c'est que ces jumens une fois données aux cultivateurs seroient placées sur un registre, et tous les ans le cultivateur seroit obligé de les mener à la monte qui se feroit gratis. Ils auroient, il est vrai, pour eux le poulain et le travail de la jument.

Tout à-la-fois ce seroit donc multiplier les belles races de chevaux et utiliser leurs travaux pour l'agriculture. Je souhaite que cette idée conserve ces précieuses jumens pour la propagation, et que je ne les voie plus sacrifiées au service des cabriolets, remises et fiacres de Paris; car si on avoit la mission d'acheter dans Paris toutes les jumens de race que l'on y voit, on auroit de quoi faire une pépinière des poulains les plus beaux pour le service de nos armées. Les trois quarts de ces jumens seroient vendues à très-bon marché, parce que ceux qui les ont n'en font pas plus de cas que d'autres de race commune.

Projet pour la conservation d'une partie des chevaux de l'armée; pour utiliser les jumens de réforme et former des dépôts de poulains pour la cavalerie.

J'ai remarqué que presque jamais on ne donne de vert de luzerne aux chevaux des armées; c'est pourtant le meilleur, selon moi, pour ces chevaux, qui ont extrêmement fatigué et qui ont dépéri : ce qui arrive ordinairement à la suite de longues campagnes. Les chevaux mis en liberté dans les bois et les pâturages secs, et qui ne rentrent dans les écuries que pour manger le vert de luzerne qu'on leur donne avec du son, dans lequel ils barbottent deux fois par jour, reprennent bientôt leur vigueur; ils s'engraissent promptement; leur poil change, et dans peu de jours ils peuvent reprendre leur service, tout en continuant à manger le vert pendant un mois ou six semaines. C'est le seul qui n'affoiblisse pas les chevaux et qui leur laisse faire leur travail habituel.

Depuis cinq ans j'en fais l'expérience en grand, puisque quarante chevaux de poste, ceux de mon service particulier, chevaux de labours, jumens ou poulains de mon haras, le prennent tous les ans pendant quatre mois, sans qu'il leur arrive le moindre accident, et sans que les chevaux cessent de faire un service bien pénible, puisqu'il y a des jours où ils font quinze à vingt lieues, et je n'ai pas eu un cheval de poste malade. Je les prépare à prendre ce vert tous les printemps en les faisant saigner, et ils n'ont que trois jours de repos. Les chevaux de poste ne sortent pas de leur écurie, et donnent la preuve que ce vert a infiniment de qualités. Il est d'ailleurs bien plus abondant, pousse bien plus vite que tout autre vert, puisque tous les mois on peut faucher une pièce de luzerne et en tirer en vert quatre ou cinq coupes, tandis qu'on ne peut couper l'orge et le seigle qu'une fois, et le trèfle deux fois.

Il y a donc une économie majeure, et il seroit avantageux pour les dépôts de louer des pièces de luizerne plutot que de tout autre fourage. Il seroit également à désirer que la culture de ces prairies se propageât dans toute la France; car à Paris, où on prétend que la luzerne n'est pas bonne pour les chevaux qui travaillent, les miens, de carosse et de selle, ne mangent pas d'autre fourrage mêlé avec de la paille, y ont soutenu la fatigue depuis six mois, et se portent à merveille. Ce qui fait un tiers d'économie pour la nourriture.

A l'égard des chevaux de réforme, je crois qu'il seroit avantageux, quand ils sont jeunes, qu'on les envoyât à plusieurs dépôts généraux, créés dans les fermes du Gouvernement, pour être traités et confiés à des vétérinaires instruits. On les mettroit dans les bois et pâturages; et, à mesure qu'ils se rétabliroient, on leur donneroit un travail léger et salutaire.

Tous les ans, les inspecteurs, choisis parmi les officiers de cavalerie, renverroient à chaque régiment les chevaux totalement rétablis, et plus capables que jamais de faire un bon service; ils leur annonceroient également que d'autres chevaux ont été totalement réformés et vendus pour leur compte, ayant été, au bout de trois mois, reconnus hors de service. Ils tiendroient compte des fonds à chaque régiment.

Comme l'entretien des chevaux est maintenant à la charge de chaque régiment, auxquels le Gouvernement paie une somme, il seroit nécessaire, pour bonifier d'autant la masse, éviter la destruction des chevaux, et conserver le nombre infini des poulains qui naissent dans les régimens de jumens de remonte qu'on achète sans savoir si elles sont pleines, ou qu'on prend à l'ennemi, que tous les régimens de cavalerie avançassent une somme modique de 1,000 francs chacun par année pour établir cinq dépôts, et pour louer des prairies et terres pour y semer des luzernes. On pourroit réunir ainsi à-peu-près 80,000 francs; et, pour avoir des fermes à meilleur marché, on paieroit le fermage six mois d'avance.

Ces 80,000 francs ne seroient qu'une avance annuelle de la part des régimens, parce que l'engrais des chevaux et jumens du dépôt et des poulains fumeroit singulièrement ces établissemens, dont les fourrages et prairies artificielles nourriroient les poulains, *qui indemniseroient les régimens bien au-delà de l'avance qu'ils feroient chaque année.* Le Gouvernement tiendroit compte aux régimens de la ration des chevaux du dépôt comme s'ils étoient au corps.

A combien de poulains, qu'on laisse en route dans les auberges pour emmener la mère, ne sauveroit-on pas la vie? J'ai eu de cette manière un beau poulain à mon haras, provenant d'une jument hanovrienne que le colonel me confia; et, après avoir rétabli la mère et mis le poulain en état d'être élevé, je la lui renvoyai au régiment.

Ces dépôts seroient placés dans les bons pays à pâturages et à luzerne. Combien ne rendroit-on pas de centaines de chevaux au service des armées! Combien de dépenses en pure perte épargneroit-on souvent en établissant de pareils dépôts, au lieu de laisser sur les routes, pour soigner leurs chevaux, des cavaliers qui ne demandent quelquefois pas mieux que de rester en arrière! Ce nombre cependant est infiniment petit. Les autres braves font le contraire; l'envie de rejoindre leurs drapeaux leur fait souvent tuer leurs chevaux plutôt que de rester derrière à les soigner, et dans l'espoir d'en avoir un autre meilleur au régiment. La moitié ne peut se refaire par des soins partiels et souvent mal entendus, dans des pays où il n'y a que de mauvais fourrages.

S'il y avoit différens dépôts aux extrémités de l'Empire et au centre, on feroit filer ces chevaux malades en en confiant plusieurs à un conducteur, qui les rendroit à petites journées à leur destination, et alors les cavaliers rejoindroient leurs corps.

Le prix qu'auroit fixé le colonel ou le préfet pour les nourrir à l'auberge ou dans les Écoles vétérinaires seroit plus élevé que dans des établissemens *ad hoc*, et le colonel sera satisfait de voir revenir ses chevaux en état de faire un meilleur service qu'auparavant, et dans le bon âge, puisque maintenant, faute de trouver des chevaux, on les prend trop jeunes. Il y en a qui n'ont que quatre ans; c'est là le premier principe de leur dépérissement, parce qu'ils n'ont pas assez de force pour soutenir les fatigues de la guerre.

Il en seroit de même pour les jumens, avec cette différence qu'on les feroient remplir, et que le premier poulain appartiendroit au régiment, soit de celles que le Gouvernement prendroit pour son compte ou de celles qu'on donneroit aux agriculteurs. La masse du régiment paieroit la nourriture du poulain pendant deux ou trois ans, suivant l'âge auquel il auroit été décidé qu'il lui appartiendroit; et, dans ce cas, il est certain que le régiment y gagneroit; que l'on conserveroit pour le service des armées des milliers de chevaux qui périssent sur les routes et dans les auberges, parce que n'ayant pas de dépôt, on fait aller ces malheureux chevaux, jeunes ou vieux, jusqu'à ce qu'ils tombent, les corps considérant les chevaux qu'ils laissent en arrière comme presque perdus. On rendroit donc, par ces moyens, de belles jumens de races étrangères et françoises à l'agriculture et à la propagation, au lieu de les réformer ou les vendre à vil prix, ou de les laisser périr en route avec leurs poulains.

Plusieurs fois notre cavalerie s'est remontée chez les puissances ennemies. Nous ne ferons peut-être pas toujours la guerre dans des pays à bons chevaux, ou une longue paix nous ôtera ce moyen de remonter notre cavalerie. L'intérêt de nos armées, de notre agriculture et notre commerce, sollicite plus que jamais près de notre Souverain la propagation de nos chevaux de race, et sur-tout la conservation des belles jumens étrangères qui sont employées à tout autre usage qu'à celui de l'agriculture et de la fécondation. On s'en occupe déjà, puisqu'on doit nommer un Conseil pour les haras, adjoint au Ministère de l'intérieur. J'ai cru devoir profiter de mon séjour à Paris pour faire imprimer mes observations et mes expériences, suivies de mon système, sans autre ambition que de coopérer au bien général.

Nécessité démontrée de l'utilité d'établissement de

Dans un grand Empire, rien n'est à négliger pour sa prospérité, et chaque évènement heureux qui lui arrive, on ne sauroit trop en profiter pour hâter sa splendeur. Sans nul doute, nos victoires et la dernière paix du Nord nous donnent les moyens d'obtenir toutes les plus belles races de jumens et étalons étrangers. A cet égard, dans cet fermes expérimentales dans les principaux départemens de l'Empire.

ouvrage, j'en démontre l'utilité et la nécessité de créer des haras d'expérience pour cet effet.

Mon vœu et mes travaux seroient accomplis si on créoit des fermes expérimentales aux endroits destinés à y placer ces nouveaux haras, qui sont une attribution de ces fermes. Il n'en coûteroit pas au Gouvernement des sommes en pure perte, au contraire.

Il est constant que les haras en général doivent marcher de concert avec une grande agriculture et toute sorte d'élèves d'animaux utiles et étrangers, parce que c'est le moyen d'utiliser et de fertiliser un établissement de ce genre, en profitant de toutes les parties nécessaires à fructifier et à propager par les soins d'une agriculture raisonnée, et dont l'expérience assure des bénéfices incalculables par des produits dans tous les genres et par la pratique des meilleures cultures connues et nouvelles qui se communiquent à tous les agriculteurs environnans, pour les sortir des fatales routines et habitudes de leurs pères, qui leur font perdre la moitié des produits avantageux qu'ils retireroient de leurs mêmes travaux, s'ils étoient pratiqués et utilisés comme le sol et le climat de la France le demandent et le comportent. Pour cet effet, il conviendroit d'adjoindre à l'inspecteur un cultivateur habile de la Bourgogne ou des autres pays de grande culture, qui dirigeroit pour le compte du Gouvernement les travaux agricoles des haras, qui alors coûteroient infiniment moins qu'ils ne coûtent, trouvant les fourrages, la paille, l'avoine et l'orge dans leur culture, au lieu de l'acheter en partie à prix d'argent dans une infinité d'établissemens de ce genre, tel que le haras d'expérience de Lyon.

Jamais nous ne parviendrons à améliorer notre agriculture, si nous ne changeons les mauvaises habitudes par une école publique des jeunes et riches cultivateurs fils d'habitans et de fermiers qui iront prendre des leçons pratiques dans ces fermes expérimentales, comme ils vont aux Écoles vétérinaires; et lorsqu'ils auront appris pendant quelques années ces bons principes, ils dresseront leurs valets et leur feront connoître l'abus ruineux par la comparaison de culture du travail des mauvaises charrues, comparativement à celles que je cite pour l'usage de la culture aux établissemens des haras. Ils leur feront connoître l'avantage du labourage et semage dans les terres labourées en planches bombées, plutôt que dans celles à plat, ainsi qu'on le pratique dans la moitié des plaines de la France : ce qui occasionne la perte du tiers des semences et du blé, comme dans mon département, et facilite la production d'une infinité de plantes nuisibles et destructibles des belles récoltes, que l'indolence de nos cultivateurs laisse pousser sans nettoyer leurs blés lorsqu'ils sont en herbe. De cette manière, ils s'épuisent de travail et le produit est presque nul.

La Bourgogne et beaucoup d'autres provinces, qui sont les greniers de la France, travaillent leurs terres en planches bombées dans le milieu. Ces provinces n'ont pas de meilleures terres que les nôtres, et ont de plus beaux grains dans tous les genres, et bien plus abondans. Il n'y a donc qu'un gouvernement paternel qui puisse remédier à cet abus et faire marcher d'un pas rapide le cultivateur à la bonne culture, à l'abondance et à la multiplication de tous les animaux utiles si nécessaires à propager sur la surface de l'Empire, en leur procurant des instructions et des bonnes races étrangères de chevaux et autres animaux utiles, par l'établissement de ces fermes expérimentales dans ces départemens si éloignés de la bonne culture et presque dans tous ceux qui ont des jachères.

Par la persuasion, l'instruction publique et des récompenses, on leur feroit connoître toute espèce de bonne culture de fourrages artificiels et pâturages en abondance qui, en diminuant les travaux journaliers et annuels de l'agriculture, procureront des engrais immenses et utiliseront le peu de bras que les guerres nous laissent, d'une manière aussi avantageuse que productive.

Les *INTENDANS ET INSPECTEURS-GÉNÉRAUX D'AGRICULTURE* vérifieroient ce que j'ai vu et examiné dans la majeure partie de mes voyages en France, que la rareté des fourrages naturels et artificiels dans de certains départemens où ils pourroient être aussi communs que dans les autres, nuit singulièrement à l'éducation des animaux précieux et autres dont la multiplication est aussi avantageuse à l'agriculture qu'à notre commerce intérieur, et à la bonne nourriture de nos armées comme à celle de nos cultivateurs, dont une grande partie ne vivent que de fromage, de légumes et de châtaignes, et n'ont pas de quoi acheter de la viande ni élever des cochons, faute de luzerne et de pâturages, depuis qu'on a détruit les communaux, si utiles pour les pays de vignobles.

Cette destruction a occasionné la dévastation partielle des bois et de toute espèce de clôture que les locataires des campagnes et journaliers dévastent; ayant des chèvres, des moutons et quelquefois des vaches, sans avoir un pouce de fonds qu'une petite maison et un bout de jardin, et il seroit, sans nul doute, utile que les communes rentrassent dans ces propriétés, en les payant à estimation à ceux qui les ont obtenues par partage, ou achetassent de mauvais fonds réunis pour créer des communaux, ou que le Gouvernement défendît, comme je l'ai dit, d'avoir des animaux quand on n'a pas des propriétés ou droit à des communaux existans pour les nourrir; ils seroient obligés de les garder dans les écuries, et lorsqu'ils seroient pris à brouter les buissons de clôture le long des chemins, ils seroient condamnés à l'amende; car les clôtures sont totalement dévastées en France.

C'est l'unique moyen de conserver les bois et les haies, que l'on prend l'habitude de couper et d'enlever les épines et bois, que l'on met pour préserver de la dent des bestiaux les plants d'acacia et d'aubépine et autres espèces de clôtures que l'on plante. Cela provient de ce que les lois sur la dévastation des clôtures, si importantes à conserver et édifier, ne sont pas assez rigoureuses. Aussi le Gouvernement anglois, sentant la nécessité de protéger l'agriculteur et ses plantations et sur-tout ses clôtures, a établi les lois les plus rigoureuses, jusqu'à ordonner de *COUPER ET METTRE SUR UN POTEAU PLACÉ SUR LES LIEUX LE POING DE CELUI QUI OSE DÉCLORE UN FONDS EN EN COUPANT LES PLANTS PRÉCIEUX*; ce qui met à l'abandon la prairie et le blé de l'agriculteur soigneux, qui élève de belles haies et utilise le terrein même où elles sont placées en y faisant venir des frênes, des ormes et des peupliers de distance en distance. A peine venus de la grosseur du bras, les malfaiteurs, en les coupant, découragent même l'agriculteur zélé pour planter et se clore. Il se ruine à clore tous les ans ses prés et ses blés en haies mortes, qu'on lui enlève les hivers, et qui, si elles étoient respectées, dureroient trois ou quatre ans.

Notre Code rural devroit à cet égard renfermer des lois salutaires et des plus rigoureuses pour protéger les clôtures, et empêcher la dévastation et l'enlèvement des haies mortes que l'on place pour clore les prairies et autres fonds.

Aujourd'hui, sans nul doute, à mesure que notre puissance s'étend sur le Continent, et que nous perdons nos îles qui tendent toutes à devenir indépendantes (les Anglois eux-mêmes en éprouveront l'influence), notre agriculture et notre commerce intérieur nous deviennent plus précieux que jamais à soutenir, protéger et faire prospérer par tous les moyens imaginables. Un des meilleurs ordonnés par Sa Majesté est la formation des canaux dans l'intérieur de l'Empire, et sur-tout le canal Napoléon qui, ouvrant les communications du nord au midi de la France, assure sa prospérité en facilitant la vente et l'échange des denrées. Pour fertiliser même les pays que nous acquérons, et pourvoir à la subsistance de nos armées et des habitans, il convient de leur procurer l'abondance par une culture simple et économique, qui épargne sur-tout les bras, et où les femmes et les enfans puissent être employées, réservant les hommes pour labourer. Il faut, pour y parvenir, établir beaucoup de bestiaux et des pâturages artificiels, et nous doublerons le revenu territorial de l'Empire et de l'Espagne. *Arthur Young* a dit avec raison que si on établissoit l'équilibre ou juste progression des pâturages réels et artificiels avec les terres à blé et les vignes, la France doubleroit ses revenus.

Observation sur la bonne plantation et culture des vignes.

A l'égard des vignes, j'ai fait une expérience qui me paroît en général convenir à tous les pays vignobles; c'est d'améliorer la qualité du vin par le plant même, et de suivre le système uniforme (sauf certaines localités) pratiqué pour la plantation du clos de Vougeot et aux environs de Dijon, qui est de ne jamais arracher les vignes, de les renouveler en les couchant, et ensuite d'arracher les vieux ceps qui gênent la culture de la vigne. Mais il convient d'adopter celle de nos vignerons en tenant le terrein bien élevé, des rases ou fossés ouverts de proche en proche, et donnant quatre façons.

Le vin se conserve délicat et bon, parce que les jeunes plants et les nouvelles poussées que l'on obtient par les couches ne dominent pas le vin des vieux ceps : il se conserve mieux, et est en général meilleur. Au lieu que, dans mon département où on arrache la totalité des vieilles vignes, qu'on ne peut plus replanter qu'au bout de plusieurs années, il faut racheter le fonds par un minage très-dispendieux, et l'on n'a, pendant deux ou trois ans, que du mauvais vin de plantier qui tourne l'été; l'on perd en outre deux ans de culture sans rien retirer : au lieu qu'en Bourgogne on épargne les minages en arrachant les ceps, qui tentent souvent les vignerons au point qu'ils en arrachent souvent de bons pour les vendre ou en avoir du blé à moitié avec le propriétaire. Aussi ai-je fait venir dans ma ferme expérimentale un vigneron de Bourgogne pour changer cette mauvaise habitude, ainsi que pour réformer la plantation au pieu de fer ou de bois, qui est très-nuisible dans les terreins forts.

La manière des fossés, comme en Bourgogne, est bien meilleure; aussi est-ce de cette manière que j'ai planté du fameux plant du clos de Vougeot dans une exposition pareille, au levant, et à-peu-près dans la même nature de terre et qualité de pierre blanche. Ce plantier a réussi supérieurement, et m'a produit cette année le double de mes autres plantiers et vignes; il n'a point été sujet aux intempéries des localités, qui ont ôté la moitié de la récolte de nos vignes en comparaison de l'année passée. Il m'a aussi donné un vin plus délicat, et qui a le bouquet de celui de Bourgogne. Je crois bien que par la suite il dégénèrera, mais il sera toujours meilleur.

Il en est de même pour les labourages; il faut des bourguignons pour labourer dans ma ferme expérimentale, comme j'en ai eu jusqu'à présent, et ensuite faire des élèves, maintenant que celui qui dirige ma culture a voyagé et appris par principe dans les pays les mieux cultivés; aussi ses anciennes habitudes sont-elles rompues et il dirige le travail comme je veux. Il en seroit de même de tous les élèves que l'on feroit dans les fermes expérimentales et dans les bons principes de culture.

Il ne tient donc qu'à Sa Majesté de faire doubler les produits de la France, soit par les bestiaux, soit par toutes espèces d'animaux utiles et étrangers, soit en reportant les vignobles dans les coteaux et montagnes, et en établissant des prairies artificielles par-tout où on peut en établir.

Projet d'assolement reconnu le meilleur pour la majeure partie de l'Empire.

On divise la culture en cinq parties : un cinquième en luzerne, un cinquième en trèfle ou autre fourrage bisannuel, un cinquième en froment, un cinquième en légumes ou maïs, plante excellente pour nourrir les hommes et engraisser le bétail, et un cinquième en trémois, avec lequel on sème le trèfle ou sainfoin la première année. Au bout de cinq ou dix ans, selon la bonté du sol, on détruit la luzerne l'hiver pour, au printemps, y semer de l'orge ou de l'avoine, et puis du froment; ensuite elle rentre dans la même série des progressions de culture.

Les parcages se font sur les terres à froment ou en trémois. Les fumiers se portent sur les terres destinées aux légumes, et on emploie alternativement, pour semer le froment ou le seigle, les pois lupins et les fèves en fleurs pour les enterrer, et une infinité d'engrais, soit végétaux, soit animaux, ou terres calcaires mélangées.

Nous pouvons dire qu'en France nous sommes dans la plus grande ignorance pour tirer partie des engrais. Les fermes expérimentales serviroient aussi pour démontrer le juste emploi de ceux connus et avantageux, et dont les trois quarts sont inconnus à la masse des agriculteurs françois.

Vraiment il est désolant que l'observateur et connoisseur voie, en parcourant l'Empire, des trésors enfouis, et qu'un cultivateur maladroit et sans instruction, en se donnant beaucoup de peine, reste dans la misère parce qu'il n'est pas instruit dans le vrai art de cultiver son fertile terrein, ou de rendre fertile celui qui ne l'est pas. Il ne peut s'instruire par lui-même, n'ayant pas voyagé et ne pouvant le faire; il croit sa culture la meilleure et il n'en sort pas. Il est donc indispensable de lui porter l'instruction, et de la donner à ses enfans.

Il faut convenir qu'il y a plusieurs parties de la France très-bien cultivées; mais si son sol étoit plus engraissé par l'abondance des animaux, en augmentant les prairies artificielles, il rendroit encore beaucoup plus, et dans de certains terreins on obtiendroit le double de rapport; comme, en brûlant le gazon des prés et les fumant, ils donneroient un tiers de fourrage de plus.

M. *Fellemberg* est l'agriculteur heureux, étant entouré de cultivateurs laborieux et obéissans et déjà instruits dans la bonne agriculture, et sur-tout dans l'économie des engrais et la manière de les utiliser pour leur plus grand avantage. Mais dans mon département c'est tout le contraire; la vigne, il est vrai, y est mieux cultivée que dans les autres pays, sauf la manière de la planter qui est vicieuse.

J'ai été obligé d'employer une infinité de prisonniers prussiens, allemands et hongrois, sur-tout pour mener mes buffles, garder les élèves de mon haras, faucher mes blés et avoines, et les faire battre au rouleau, parce que ce n'étoit pas l'habitude du pays.

Maintenant qu'ils sont retournés dans leur patrie, je vais faire venir des Suisses des différens cantons, et faire des élèves françois. M. *Hébert*, directeur de la bergerie impériale, bon agriculteur dans mes principes, a été obligé de labourer lui-même pour enseigner un charretier du pays, attendu leur ignorance sur la bonne agriculture.

Il est donc important, sous tous les rapports, de créer des écoles publiques du genre de culture à employer d'après mes principes, comme il y en a de vétérinaires et pour les bergers. Alors je ne serois pas obligé d'aller en Suisse chercher des cultivateurs, parce que, quand je vais les chercher en Bourgogne ou dans toute autre partie de la France, ils prennent la maladie du pays, et retournent au bout d'un an dans leur famille, et c'est toujours à recommencer.

Le Suisse, sur-tout dans les cantons allemands, est plus constant, et si on le prend pour quatre ou cinq ans, il tient à ses engagemens; il est sur-tout excellent pour avoir soin des troupeaux et du bétail de tout genre, et fait avec attention son travail agricole sans raisonner et d'après les principes qu'on lui donne. Les François, en général, et sur-tout dans mon département, ne veulent pas être bergers dès qu'il ont passé douze ans; mais, en les encourageant et les envoyant dans des écoles, ils prendroient l'amour de leur état.

Utilité des voyages pour les grands propriétaires.

L'agriculture a gagné, sans nul doute, plus d'un quart en produits et en défrichemens depuis vingt ans; cela provient en partie de ce que les fils de grands propriétaires ont voyagé, et se sont adonnés enfin à l'amélioration agricole lorsqu'ils ont été propriétaires de leurs biens patrimoniaux; et, en mettant à profit les bons principes d'agriculture qu'ils avoient pris en Suisse et dans certaines parties de l'Allemagne et de la France, ils ont donné l'exemple de la bonne culture, ce qui justifie le titre de mon ouvrage.

Si les laboureurs avoient suivi l'exemple des grands propriétaires qui habitent leurs terres; et qu'en même temps que notre Souverain a introduit les mérinos en France, on eût créé des fermes expérimentales et des écoles publiques pour nos cultivateurs, l'agriculture auroit doublé en produit. Aujourd'hui ces grands propriétaires ne seroient pas presque dans l'impossibilité de faire mettre en pratique leurs bons principes agricoles, parce que leurs grangers et fermiers ne veulent pas le faire.

Que l'on consulte les agronomes et toutes nos Sociétés d'Agriculture, ils diront comme moi qu'il faut établir promptement des fermes expérimentales, et Sa Majesté elle-même en conviendroit avec eux. L'Empire lui devra sans doute cette amélioration un jour, comme il lui doit celle des mérinos, et en partie celle des belles races de chevaux qui commencent à se propager.

J'aurois même, depuis plusieurs années, établi une école publique à l'instar de celle de M. *Fellemberg*, qui a des élèves qui maintenant commencent à l'indemniser de ses grandes dépenses par la pension qu'ils lui paient; et dans cette idée je préparois les matériaux nécessaires pour finir de construire un bâtiment et une auberge immense sur la grande route à la poste impériale de ma ferme expérimentale des Tournelles de Flandre pour y placer cette école, si les autres travaux auxquels je me suis livré ne m'en eussent ôté les moyens. On voit la situation et le bâtiment gravés sur la route de Paris à Lyon dans le paysage, à la *planche* N°. 1, où est gravée une jument sans poil.

On y voit également mes immenses pépinières que j'ai établies depuis six ans dans un terrein presque inculte, que les engrais de ma poste ont tellement amélioré que vingt arpens de pépinière, cultivés à moitié avec trois jardiniers pépiniéristes et leurs ouvriers, me rapporteront dans deux ans plus de 3,000 francs de rente, et qu'ils ne m'en rapportoient pas 300.

Nouvelle culture de mes pépinières.

Je vais faire l'expérience cette année en plantant toujours de nouvelles pépinières, qui recevront les trois quarts de leur façon par un léger labour fait avec une charrue exprès, conduite par une superbe espèce d'âne et d'ânesse de Toscane et d'Espagne, que j'élève à mon haras et dont j'ai eu un produit de la plus grande taille, qui va me servir dans deux ans pour faire la monte de mes jumens de la poste pour me faire de superbes mulets. Quatre jumens seront mises de côté tous les deux ans pour se reposer de ce pénible service en les rendant à l'agriculture et à la propagation, et retourneront successivement au service de la poste; de cette manière mes jumens dureront beaucoup plus.

Ces ânes, beaucoup plus forts, sont les plus adroits et les plus dociles pour ce genre de travail, en leur mettant une muserolle autour de leur bouche, pour qu'ils ne touchent pas à mes plantations.

Ce genre de culture me mettra à même de donner les arbres forestiers à meilleur marché; mes légumes seront aussi cultivés de cette manière, plantés en quinconce et le double plus écartés qu'on ne les plante à l'ordinaire. Les arbres et les légumes recevront plus de façon, l'herbe n'absorbera point les engrais et sels de la terre. L'économie des bras sera immense, et le double de terrein qui sera employé n'équivaudra pas au quart de la dépense des mains-d'œuvre que l'on épargnera.

Je n'ai sûrement pas l'idée de faire de l'école que je propose d'établir à ma ferme expérimentale un objet de spéculation; car on ne persuadera à aucun élève françois, sur-tout dans l'origine de l'établissement, de payer autre chose que leur nourriture. On obtiendroit seulement d'eux un léger travail d'agriculture, auquel il faudroit bien qu'ils se livrassent pour apprendre par pratique la bonne manière de travailler la terre avec les outils les moins pénibles à remuer, et qui font le plus d'ouvrage en moins de temps, dont plusieurs sont déjà usités dans une grande partie de la France. Rien que la réforme générale des mauvais outils aratoires amélioreroit singulièrement l'agriculture; mais elle ne peut s'opérer que par des écoles publiques que le Gouvernement seul pourroit établir, parce qu'il faudroit payer des professeurs pendant les premières années; jusqu'à ce que le goût de s'instruire dans le premier des arts fût venu; ce qui ne tarderoit pas.

Il seroit nécessaire d'établir dans chaque école deux professeurs : l'un pour la chirurgie, l'anatomie et l'art vétérinaire; l'autre, pour la partie de la chimie qui concerne 1°. la distillation des plantes, de l'eau-de-vie, de l'esprit-de-vin, etc., les mélanges et la cuisson des vins pour en obtenir un sirop aussi doux que le sucre; 2°. les moyens de connoître les différentes qualités de marnes, l'avantage de pouvoir diviser les terres fortes et glaiseuses, et les rendre végétales par le mélange des sables de mer, de rivière, ou de tous autres; 3°. l'emploi de tous les engrais calcaires, du sel, du salpêtre, des cendres, gazons, terres et fougères brûlés, engrais animaux, végétaux, etc., etc.

Il fera faire aux élèves un cours de botanique (1) pour connoître les plantes nuisibles

---

(1) Il est nécessaire de connoître la botanique, et le produit de chaque plante utile, pour en obtenir des résultats pour nos fabriques. Il y en a beaucoup qui sont excellentes pour la teinture, comme la génitoule à fleurs jaunes (terme vulgaire), que l'on ne cultive pas dans nos cantons, et que les teinturiers font ramasser. C'est donc un produit perdu pour le département. Si les propriétaires la cultivoient dans les champs, en la détruisant dans les prés dont elle gâte les foins, les teinturiers seroient obligés de la leur acheter un bon prix pour faire le jaune pour les indiennes.

Une autre plante bien plus intéressante est l'*eupatorium cannabinum*, dédié par les anciens à un roi de Pont (le Mithridate, surnommé *Eupator*, c'est-à-dire bon père). L'utilité de cette plante a été mise à profit dans les environs de Vienne de la manière la plus utile pour l'agriculture et pour remplacer les cotons les plus communs, d'après l'échantillon que j'ai sous les yeux, et le velours de coton de cette plante, fabriqué en Allemagne, qui est aussi bon, aussi fort, et absolument pareil aux velours de coton commun. Les bas que l'on fait avec le fil du coton de cette plante sont un peu grossiers, mais très-chauds, attendu que l'on tire le velu en dedans. Note sur la manière d'obtenir du coton déjà naturalisé en France.

Voulant en semer à ma ferme expérimentale, j'ai été au Jardin des plantes en chercher : mais, à l'aspect de la plante, il m'a paru que ce n'étoit pas la même. D'ailleurs on n'auroit pas assez de graines au Jardin des plantes pour cultiver cette plante en grand. Il est donc important que S. E. le Ministre de l'Intérieur veuille afin de les éloigner des pâturages, et celles utiles aux hommes et aux animaux afin de les cultiver, ainsi que tous les arbres indigènes et exotiques, afin de créer des pépinières et d'utiliser par ces plantations les bords des chemins, des rivières et des ravins, et les montagnes qui se refusent à d'autres cultures, et qui sont perdues pour le cultivateur: cette resource fait ordinairement la fortune de leurs enfans.

Le chef de l'établissement de la ferme expérimentale professera en pratique l'art des meilleures cultures, et les moyens d'ensemencer les plus économiques. Il traitera de l'influence des astres sur cette partie, sur les plantations, et particulièrement sur la coupe des bois, sur laquelle la lune influe sans nul doute, comme elle le fait sur le mouvement de la mer, ayant une certaine simpathie avec la végétation, d'après ce que démontre l'expérience, et malgré ce que puevent dire les incrédules.

---

bien en faire venir de Vienne une très-grande quantité, et m'en remette pour ma ferme expérimentale, en recommandant de la prendre au moment de sa maturité, et de l'envelopper très-soigneusement au fur et à mesure qu'on la cueille, autrement elle ne vaudroit plus rien. D'après l'*Encyclopédie*, elle reste quelquefois deux ans en terre. Il seroit à propos de faire venir quelques plantes avec la graine et enveloppées comme les œillets, parce que je crois que c'est un eupatoire différent de celui de France, d'après le coton que produit cette plante dont jai l'échantillon. J'aurai bientôt établi une fabrique de ce genre.

Ces plantes viennent dans les parties humides, sur les bords des ruisseaux et rivières. Les tiges sont hautes d'environ quatre pieds, un peu quadrangulaires, velues, rameuses et rougeâtres, sont munies de feuilles opposées, presque sessiles, consistantes en trois folioles lancéolées, dentées quelquefois très-profondément. Cet eupatoire commun en France n'est pas difficile sur le terrein; mais il ne faut pas qu'il soit trop sec: il aime aussi le soleil. On le propage par l'éclat des touffes en automne. (*Almanach du bon Jardinier.*)

C'est M. de *Bonplan*, intendant des domaines de S. M. L'IMPÉRATRICE, très-bon botaniste, qui a rapporté dans son dernier voyage de Vienne ces nouvelles étoffes de velours de coton, des bas, et le coton même dont il m'en a remis des échantillons. A l'aspect du coton que produisent ces plantes, de la culture desquelles il seroit nécessaire d'avoir un détail, ainsi que de la manière dont on fabrique ces étoffes dans les environs de Vienne, j'ai trouvé que ce nouveau coton a beaucoup d'analogie avec celui que produit en assez grande abondance une espèce de peupliers qui vient facilement le long des rivières du département du Rhône, et qu'on appelle vulgairement *peuplier cotonnier*. Je vais m'occuper cette année à en faire ramasser en assez grande quantité pour le faire fabriquer, et savoir si cela peut nous faire d'aussi beau velours et des bas comme cette nouvelle plante, dont le produit est inconnu en France; et sans nul doute, avec cet arbre et cette plante, en en encourageant la culture et donnant des récompenses, nous pourrions bientôt nous passer de tous les cotons communs, éviter l'émission de notre numéraire; et, en le reversant sur notre agriculture, nous habillerions et chausserions chaudement, peut-être à bon marché, l'agriculteur qui a le moins de moyen de faire de la dépense. Ce seroit, sans nul doute, tout à-la-fois servir l'humanité, en la préservant du froid, le commerce et l'agriculture.

Il fera aussi connoître le grand avantage de disposer des eaux de rivière et pluviales pour les irrigations, les procédés pour s'en procurer en abondance par des mécaniques simples et des chaussées, à l'effet de retenir des masses d'eau pluviales dans les vallons, et les distribuer en temps utile dans les prairies.

Partie de l'ydraulique à connoître.

Il enseignera également les moyens de gouverner les travailleurs avec douceur et fermeté, en inspirant de l'émulation parmi eux et en récompensant à propos. Ce dernier art est le plus difficile à employer avec le cultivateur françois, sur-tout pour lui inculquer le goût du travail qu'on lui montre.

J'observerai à cet égard qu'il seroit peut-être utile de créer des lois de police pour obliger les valets à l'obéissance envers leurs maîtres; en établissant contre eux de légères peines corporelles, on mettroit un frein à leur insubordination, en même temps qu'on établiroit contre les maîtres qui les maltraiteroient des peines pécuniaires.

Le teneur des livres de l'établissement enseignera la tenue des livres en partie simple et double de la manière la plus facile et avec le moins d'écritures possibles. Il enseignera la levée des plans, l'arpentage, le lavis, avec les premiers élémens de mathématique et de trigonométrie. Il traitera également des constructions de bâtimens les plus simples, les plus utiles et les moins dispendieuses pour l'agriculture.

Voilà pourtant toutes les parties de sciences qu'il est indispensable qu'un agronome sache. Il faut qu'il puisse à propos porter les premiers secours à ses ouvriers blessés et à ses animaux avant que le médecin ou le vétérinaire puissent arriver. J'ai souvent, de cette manière, sauvé la vie de mes travailleurs et de mes animaux; ce que je n'aurois pu faire si je n'avois eu quelques connoissances en médecine, et une pharmacie, indispensable dans un grand établissement.

Si les élèves de ces Écoles n'avoient eux-mêmes pratiqué la culture et manié les outils, ils ne pourroient en démontrer l'usage ni commander leurs ouvriers. Moi-même j'ai été souvent obligé de conduire la charrue, le semoir ou tels autres outils, dont sans moi mes ouvriers n'auroient pu se servir. J'ai même fait venir chez moi de Paris un professeur de ce genre, M. *Vallery*, pendant plusieurs années, pour m'instruire.

Les connoissances pratiques sont aussi indispensables à un grand agriculteur qu'il est nécessaire à un grand capitaine d'être à la tête de ses troupes au combat et de donner le premier l'exemple du courage. Un chef de culture doit toujours être levé avant le jour pour mettre son monde à l'ouvrage et être couché le dernier après le travail des veillées d'hiver; s'il ne suit ces principes, il sera bientôt ruiné.

Nécessité de récompenser l'agriculteur.

Je ne crains point d'avancer que la connoissance de ces diverses sciences est indispensable pour doubler ses revenus dans tous les genres de produits; car la culture de la terre, dirigée d'après ces sciences et les connoissances pratiques, devient un trésor inépuisable. Si un Conseil choisi parmi les grands agriculteurs pratiques, et une députation de chaque Société d'Agriculture, eussent traité, comme moi, dans tous ses détails, l'utilité de professer de tels principes, ils eussent bientôt aussi démontré l'évidence d'une prospérité à venir incalculable, et eussent demandé au Gouvernement *des récompenses quinquennales* pour l'agriculture, comme il en a accordé de décennales aux arts libéraux; et si j'ai l'avantage de fixer le regard de mon Souverain sur cet objet de mon ouvrage, sa sollicitude pour le bien de ses sujets me fait croire qu'il donneroit suite à ce projet.

Avantage démontre de l'emprunt sollicité.

Je désire pour le bien de l'agriculture que le Gouvernement vienne à mon secours, en me prêtant, pour faire finir ce grand bâtiment, et y faire professer avec succès mes bons principes de culture. J'espère aussi qu'il prendra pour son compte la première ferme expérimentale de l'Empire, puisqu'il y a déjà une bergerie impériale, un haras d'expérience et tout ce qui est analogue au nouveau projet de ferme de ce genre. Je me charge de la faire prospérer, et qu'elle donnera l'exemple de la meilleure culture. On verroit bientôt que mes principes et les établissemens que je sollicite sont de la plus grande utilité pour l'agriculture et le commerce de l'Empire.

Comparaison du prix de la culture de France avec celle de Suisse.

L'avantage que M. *Fellemberg* a sur moi pour donner de la réputation à son agriculture, c'est qu'il avoit une caisse bien garnie, et que personne n'a compté les dépenses énormes qu'il a fait faire dans le dessèchement de ses marais et le nivellement de ses terres. On est toujours obligé, dans pareille opération, de racheter le fonds aussi cher qu'il valoit, parce que la main-d'œuvre et les charretiers sont devenus à un prix exorbitant. En Suisse, où la main-d'œuvre est à bon marché, on peut se retirer des dépenses d'un pareil travail; mais en France, il seroit très-ruineux. Un agriculteur est heureux quand il peut faire de simples fossés d'écoulemens et relever par un labour bien entendu et des charrues *ad hoc* le milieu de ses terres, et l'hiver, faire transporter dans les petites gelées la terre des fossés d'écoulemens, relevée sur le bord. Les terres fromentales, et d'abord après les moissons et l'hiver, il fasse enlever, dans les endroits où il en est besoin pour l'écoulement des eaux, le rebord des terres d'une demi-bèche de profond et deux mètres de large, et les fumer de cette manière; ne sorte que tous les quatre ans il renouvelle cette opération à l'assolement du trémois, parce qu'en général les fumiers et les engrais coulent ainsi que la bonne terre par les pluies dans les fossés, et qu'en hiver, ces terres rapportées prennent du nitre et s'améliorent en tas. Il est donc indispensable à l'agriculteur laborieux de relever la bonne terre au centre de sa culture, afin que son blé et ses grains ne puissent jamais se noyer.

Pour prouver que M. *Fellemberg* a en Suisse la culture à moitié prix qu'en France, sur-tout dans mon département, c'est que, dans le rapport sur ses établissemens agricoles fait par la commission nommée par S. E. le Landamman de la Suisse le 17 mai 1808, par suite du décret de la diète du 7 juin 1807, on porte les journées d'ouvrier, nourriture comprise, à 8 batz ou 24 sols, et celle d'une charrue à quatre bœufs ou chevaux avec deux hommes à 6 francs de Suisse, faisant 9 francs de France; tandis que, dans mon département, je ne puis louer deux bœufs et un bouvier à moins de 9 francs par journée de labourage, et obligé de les nourrir. Cela feroit donc pour quatre bœufs et deux bouviers 18 francs et la nourriturre en sus, qui vaut au moins 6 francs, au lieu de 9 francs que cet attelage coûte en Suisse, tout compris; et pour avoir quatre chevaux de labourage et deux charretiers, je ne les trouverois pas à moins de 12 francs par couple avec le conducteur, et la nourriture que je suis obligé de leur fournir, 4 francs par couple et le charretier, ce qui fait 32 francs, au lieu de 9 ou 12 francs en Suisse. Dans des travaux pressés, pour ne pas payer des gages doubles de ceux qu'on donne en Suisse, certaines années pluvieuses ou trop sèches, on gagneroit à faire cultiver à forfait si l'on trouvoit assez de bouviers, de charretiers et de pionniers, et on auroit de plus belles récoltes, parce qu'on pourroit donner des façons de suite dans le plus beau temps, de même que semer: c'est cette promptitude de culture en temps utile qui détermine en grande partie la belle récolte. Mais cela ne peut se pratiquer que près des villes, parce que dans les campagnes tous les cultivateurs, dans ces années-là, sont constamment occupés à regagner le temps perdu dans la mauvaise saison; on leur donneroit alors 24 francs par couple pour labourer qu'ils ne se dérangeroient pas du travail de leurs terres. Voilà ce qui détermine à employer la culture par valets. C'est d'après ces principes que la culture par les chevaux est bien plus avantageuse pour les produits et pour avoir de belles récoltes que celle par les bœufs; parce que d'un côté on expédie bien plutôt le labour des terres, comme les semences, et de l'autre, en les faisant labourer toujours attelés les uns devant les autres comme les buffles, et jamais de côté dans les terreins forts et gras; marchant dans le sillon ouvert, ils ne gâtent point le labourage et ils ne pétrissent point la terre cultivée, particulièrement en temps de pluie. N'ayant pas le pied fourchu comme le bœuf, ils ne font point de dégât dans le labourage, tandis que le bœuf en fait beaucoup; aussi j'ai remarqué que tous les pays à grandes cultures sont des greniers à blé.

Pour en revenir aux produits de M. *Fellemberg*, ce qui paroît soutenir son établissement est l'engrais et les produits de quarante-cinq vaches ; à cet égard il a raison de préférer la masse des engrais à tout autre bénéfice, en nourrissant ses vaches dans l'écurie avec du fourrage vert, des pommes de terre et des raves. MM. les membres de la commission prétendent pourtant que le profit, défalcation faite de la nourriture, est presque nul. A cet égard, je crois que leur calcul est exagéré, parce qu'en Suisse le genre de nourriture n'est pas cher, attendu les grands produits des bonnes terres, ce qui occasionne que les vaches donnent beaucoup de beurre et de fromage, qui s'y vendent bien. Quel déficit auroit-on donc si l'on faisoit un pareil calcul en France ? aussi le plus grand avantage que l'on y a à avoir des vaches, c'est quand elles sont à la portée d'une ville, ou dans les départemens où le fourrage est en grande abondance, ou qu'on les nourrit avec de la luzerne et des pommes de terre : elles ont alors beaucoup de lait et de beurre ; mais au foin, à la paille et aux pâturages maigres, elles coûtent au lieu de produire.

On peut, de toutes ces expériences et comparaisons, tirer la conséquence que les produits de l'agriculture de la Suisse ne peuvent être comparés à ceux de la France, et qu'il faut pour cet Empire une agriculture expérimentée par des François, connoisseurs et amateurs, et non par des étrangers qui ne pourroient que donner des principes erronés, parce qu'ils ne connoissent pas la cherté de la main-d'œuvre, qui emporte la majorité des bénéfices. Il seroit bien important de faire des lois de police qui fixassent le prix de la main-d'œuvre, en rapport chaque année avec le prix des denrées dans chaque département ; autrement les propriétaires et fermiers finiront par être ruinés par les prix excessifs que demandent leurs valets de charrue, qui, presque toujours, après avoir passé l'hiver chez eux, les quittent dans l'appât d'un lucre plus considérable pour aller ailleurs, et cela, au moment où ils seroient le plus nécessaires. Pour remédier à cet inconvénient, je stipule dans le marché que je fais avec eux que, dans le prix de l'année, le semestre d'hiver sera de moitié moins que celui d'été. J'invite tous les agriculteurs à en faire autant pour n'être pas dupes. Sans nul doute il y a de très-bonnes choses à profiter des principes de M. *Fellemberg*, que je ne connois que par des ouvrages imprimés ; mais j'irai au printemps le voir et admirer ses travaux ; j'en raisonnerai alors avec plus de connoissance de cause, et je mettrai en pratique dans ma ferme expérimentale tout ce que je croirai pouvoir s'adapter à mon système d'agriculture économique des bras et de numéraire, pour avoir un bénéfice assuré et mettre le cultivateur à même de payer facilement ses impôts.

Nécessité des lois de police pour fixer le prix des journées.

Mais il est nécessaire de former un manuel pour l'agriculture ; c'est ce dont je m'occuperai à mon retour de Suisse, avec une tenue de livres très-simplifiée à l'usage des cultivateurs, parce qu'il est nécessaire qu'ils se rendent compte pour voir chaque année le produit qu'ils retirent de leurs divers bestiaux et de leur industrie et des meilleurs genres de culture qu'ils adopteront, suivant mes principes, pour les augmenter, et abandonner ceux de leurs anciennes routines; ils auront bientôt reconnu par la pratique que leurs peines, qui sont égales, leur rendent le double.

Mais je recommanderai à tous les grands propriétaires qui voudront suivre mon exemple de commencer à avoir 50 à 60,000 francs en caisse ou deux années de leurs revenus; et tous les ans, d'après leur tenue de livre pour eux, en partie double comme dans un grand commerce, de mettre de côté un cinquième de leur revenu, pour remédier aux accidens des grêles qui ravagent tout, des intempéries des saisons et des mortalités de bestiaux. Ils verront bientôt les fonds qu'ils auront en caisse s'augmenter successivement, lesquels seront à l'abri de toutes banqueroutes, feront le bonheur de ce qui les entoure, et feront marcher progressivement la prospérité agricole d'abord sur les fonds cultivés par valets, ensuite sur leurs fermiers et grangers, et de là sur les habitans.

Mais qu'ils ne suivent pas le fatal exemple de nos pères qui avoient l'habitude de toujours acheter, même à crédit. Qu'en résultoit-il? qu'ils se ruinoient en impositions, en bâtimens somptueux, en luxe du séjour des villes, et qu'ils laissoient les trois quarts des bâtimens de leurs domaines s'écrouler, faute de réparations. Et, pour payer les intérêts des sommes énormes qu'ils empruntoient, ils mangeoient par la suite plus de capitaux que ne valoient les fonds qu'ils achetoient, et qui ne leur rendoient que 2 ou 2 ½ pour 100, faute de culture et d'industrie agricole. Malheureusement ce système n'est que trop général chez l'habitant et le fermier; ils ne déterrent leurs vieux louis que pour les placer en acquisitions de fonds de terre, et presque jamais en améliorations d'agriculture. Ce principe erroné est le vrai destructeur de la fertilité de nos campagnes.

Il convient de considérer un grand propriétaire comme un banquier qui avance avec toute sûreté des sommes à ses différens domaines. Il est sûr qu'avec de pareils débiteurs il ne peut éprouver de banqueroute, parce qu'ils sont tous solidaires. Voilà où il faut qu'il place son argent. Ce sont tous ces terreins de différentes qualités et classes qui, sans nul doute, en les travaillant d'après mes principes et leur procurant autant de bétail qu'ils en peuvent nourrir pour les engraisser, vous rendront tous les ans le capital que vous aurez mis en achats d'élèves, de paille et d'engrais calcaires, comme plâtre pour fumer tous les ans vos trèfles et luzernes, pois, lupins, etc., et une infinité d'engrais animaux que ne produisent pas vos établissemens. Vous aurez, dis-je, votre capital, et quelquefois 8 et 10 pour 100 de ce même capital en sus du revenu annuel que vous tiriez ci-devant de vos terres, et qui augmenteront progressivement. Mais ne vous livrez dans aucunes autres expériences que celles que je cite, et qui sont toutes faites, et vous serez sûrs du succès. Puisse la vérité vous convaincre. Dans deux ans, j'espère vous prouver à l'évidence, à mon retour de la Suisse, tout le parti que l'on peut tirer de l'agriculture et des différens terreins de tout genre, parce que je les possède à ma ferme expérimentale.

J'ai commencé par établir les bâtimens nécessaires à mes principes de culture, les pépinières, luzernières et plantations, les troupeaux et toutes espèces d'animaux utiles à élever. Mes essais pour la meilleure culture étant terminés, je vais la diriger en grand cette année et celles suivantes. Vous viendrez alors voir la tenue de mes livres. Je pourrai vous citer chaque année les fonds employés ; les bénéfices et les pertes, pour vous prouver que mon système est celui de la meilleure agriculture ; qui est la vraie banque infaillible. L'agriculture, cette amie de l'homme, est la félicité parfaite ; l'on revient toujours avec plaisir vers ses occupations dès qu'on en a pris le goût. Elle procure à l'homme une tranquillité toujours égale, des jouissances toujours pures; elle ne lui fait éprouver que le regret de ne pas vivre assez pour faire plus de bien à tout ce qui l'entoure.

Je vais maintenant passer à un autre objet non moins important que ceux que je viens de traiter, et qui intéresse particulièrement la prospérité de nos manufactures et de notre commerce.

COMPTE RENDU

Des nouvelles Découvertes et des Progrès de ma Ferme expérimentale, pour l'année 1809, *à* S. M. L'EMPEREUR *et* ROI, *faisant suite à ceux précédemment remis par moi à* Sa Majesté.

Amélioration des chèvres par le croisement des boucs de Syrie. Leur utilité méconnue jusqu'à ce jour.

LES agronomes les plus célèbres et les plus éclairés ont assuré que la trop grande multiplication de la race des chèvres nuisoit aux progrès de l'agriculture ; ils ont présenté ces animaux comme indociles et vagabonds, attaquant toutes espèces de végétaux, et causant sur-tout beaucoup de dégâts dans les vignes et les bois, dont ils atteignent les jeunes pousses qu'ils font infailliblement périr.

Ces plaintes ne me semblent fondées que sur l'espèce d'abandon où on laisse les chèvres, et sur la méthode vicieuse de les élever : bien loin de les astreindre à la même discipline que les moutons, on les laisse errer dans les bois, vignes, etc. Il n'est donc pas étonnant qu'elles y causent des ravages ; cela provient aussi de ce que les lois rurales ne sont pas assez rigoureuses ; elles devroient permettre de tuer toutes les chèvres qui ne seroient pas attachées, si elles étoient seules et qu'on les trouvât abandonnées dans les bois, jeunes semis et vignes ; et il ne devroit être permis à aucun habitant d'avoir des chèvres qui auroient la liberté de sortir de leur écurie, à moins qu'il n'eût droit à des communaux, ou vingt arpens en propriété, et qu'il n'en eût fait la déclaration au Maire de la commune. Le garde champêtre pourroit aussi les tuer s'il les trouvoit pâturant sur les fonds d'autrui ; mais il seroit permis à tout le monde d'en avoir dans des écuries, et aux grands propriétaires, en troupeaux accompagnés de bergers et de chiens, et les astreindre eux-mêmes aux lois de rigueur s'ils abandonnent les chèvres dans les bois et dans les fonds d'autrui.

En même temps qu'il est de la plus grande importance que le Gouvernement s'occupe à régénérer le long et fin poil de chèvre, et toutes espèces de lainage superfin utiles et indispensables à ses fabriques, il convient de renouveler les lois de rigueur pour prévenir le mal et faire connoître le bien, et le produit que donneroit cette nouvelle espèce de chèvres métis, et sur-tout leur genre de nourriture, qui ne se prend sur celle d'aucun autre animal, et produit un grand bien à l'agriculture en extirpant aux prés les mauvaises plantes, aux vignes leurs feuilles et brouts superflus, aux saules, peupliers et pépinières leurs rejets et branchages, chaque année nécessaires à élaguer, et nuisibles.

J'ai étudié le caractère et les habitudes de ces utiles animaux, et je me suis convaincu par l'expérience qu'il est tout aussi facile de parquer et garder un troupeau de chèvres qu'un troupeau de moutons : elles obéissent à la voix de l'homme, elles se laissent conduire par les chiens; et depuis dix ans que j'en possède un assez grand nombre, elles n'ont causé aucun dégât sur mes propriétés.

On sait que les chèvres, indépendamment de leur poil, donnent plusieurs produits très-utiles, tels que du lait, des fromages, du suif, et des peaux qui sont très-recherchées dans le commerce. Elles sont bien moins sujettes aux maladies que les moutons; elles sont plus sobres, plus robustes, et supportent également bien la chaleur et le froid. La chèvre donne du lait plus abondamment et est plus féconde; enfin on peut la nourrir sans frais dans les terres incultes et stériles. J'ai éprouvé qu'on pouvoit sans danger l'élever dans les terres fertiles.

Les chèvres se contentent, chez moi, de mauvaises herbes qui croissent dans les prés, et qui sont un véritable poison pour les bestiaux et les moutons, telles que le titymale et la renoncule; je leur fais donner aussi des feuilles de vigne (1), des rejets de saules, de peupliers, d'acacia, et d'autres arbres, et j'ai remarqué avec satisfaction que cette nourriture les engraissoit considérablement. J'ai récolté l'année dernière plus de quinze voitures de mauvaises herbes, nommées *réquinson* ou *titymale*, de mes prés, et mes chèvres n'ont eu pendant l'hiver d'autre fourrage. Ainsi, loin de m'être nuisibles, ces animaux m'engagent à faire nettoyer mes prés, et m'obligent à faire effeuiller mes vignes, ce qui favorise la maturité du raisin; les rejets de mes arbres sont utilement employés, et je

---

(1) Pratique observée pour les chèvres du Mont-d'Or, et seule nourriture que les habitans de ce pays leur donnent l'hiver; pour les conserver fraîches, ils les cueillent vertes, les rangent par lits dans de grands tonneaux et citernes, les chargent de plateaux avec des pierres dessus, et quand elles sont bien serrées et tassées, ils y introduisent de l'eau claire, qui doit baigner un pied par-dessus les feuilles, et ils lèvent un plateau, et sortent chaque repas la quantité de feuilles dont ils ont besoin pour leurs chèvres; c'est ce qui donne en partie le bon goût aux excellens fromages du Mont-d'Or.

me procure ainsi de superbes plançons : j'ai même des pépinières immenses, où il y a plus de trois cent mille pieds d'arbres et boutures, soignés et cultivés par trois jardiniers, à moitié produit pour moi ; ils s'engagent à planter les arbres dans le département et autres arrondissemens, en leur payant leur journée : ils ne se font payer que les arbres qui ont pris à la poussée du printemps, et pas plus cher que les pépiniéristes du département. Si on prend à la pépinière toutes espèces d'arbres fruitiers et forestiers, ils les donnent à un tiers meilleur marché que le prix courant : c'est l'ordre que je leur ai donné pour faciliter les plantations et rendre service à l'agriculture.

Observation sur l'établissement de mes immenses pépinières, et leurs produits livrés à bon prix.

Je n'ai établi ce parallèle entre la chèvre et le mouton que pour démontrer l'importance d'élever, d'après une meilleure méthode, des animaux si utiles et trop long-temps négligés, sur-tout en améliorant leurs toisons.

Je suis bien loin de vouloir déprécier les moutons, qui rendent de si grands services à l'agriculture et au commerce ; le Gouvernement a même établi dans ma ferme expérimentale à St.-Georges, près Villefranche, département du Rhône, une bergerie impériale où on élève un nombreux troupeau de mérinos, qui donne les plus beaux produits, y ayant construit de superbes écuries ; j'en ai fait autant pour mon troupeau particulier, qui rivalise avec celui du Gouvernement, et qui sera porté à six cents bêtes. J'en ai maintenant quatre cents, et dans la première qualité des mérinos, acclimatés en France depuis huit ans ; l'ayant comparé dans le tableau d'échantillons au belier vendu cette année à Alfort 1680 francs, et un autre 1200 francs, à ceux mêmes qui existent dans le bel établissement de Malmaison, leur finesse m'a paru absolument égale, mais dans les miens la laine est un peu plus longue, et, attendu leur grande taille, chaque toison a rapporté de quinze à seize livres, et je l'ai vendue au comptant, en suint, à raison de 3 francs la livre à M. *Dumont*. Pour le bien de l'agriculture et leur plus prompte propagation, je ne les vends aux agriculteurs, à l'âge de dix-huit mois et deux ans, que 200 francs à crédit d'un an ou deux sans intérêts, et au comptant 150 francs, et je les fais conduire chez eux lorsque c'est dans les départemens voisins, ou je les donnerai, chaque année, à moitié prix des ventes publiques de Rambouillet et Malmaison. J'ai fait dans ma bergerie, depuis deux ans, une expérience importante (1).

Amélioration des mérinos qui surpassent aujourd'hui ceux espagnols.

---

(1) M'étant aperçu que les agneaux qui venoient à Noël et après étoient chétifs, et que leurs mères avoient peu de lait, ce qui provenoit de la révolution qu'elles éprouvoient par le changement de nourriture du vert au sec, et que plusieurs d'entre eux geloient lorsqu'ils étoient faits la nuit contre les portes ou aux courans d'air dans les grands froids, et qu'au printemps les tempéramens de ces agnaux n'étant pas assez

Avantage du bouc de Syrie sur ceux d'Angora, qui sont nuls pour cette amélioration.

Convaincu des avantages qui pourroient résulter d'une meilleure éducation des chèvres, et sur-tout de la naturalisation en France de la race de Syrie, j'achetai à Rambouillet, il y a quelques années, plusieurs chèvres et boucs de Syrie, du troupeau que l'ancien Gouvernement avoit fait venir dans la vue de multiplier cette espèce d'animaux dont la race s'est perdue; celles d'Angora qui y sont restées, et qui ne donnent pas les mêmes résultats, n'y existent plus maintenant, et je suis le seul dans l'Empire qui ait conservé la pure race de Syrie.

J'essayai de croiser ces boucs, dont le poil est assez rude, avec des chèvres des montagnes du département du Rhône, qui ont aussi un poil grossier, et j'obtins des résultats qui surpassèrent mon attente, des toisons fines et très-douces en laine et en poil. Je recherchai les causes et les motifs qui faisoient que deux poils très-grossiers et très-longs produisoient de la laine superfine, et que des chèvres à court poil du Mont-d'Or, quoique très-grossières aussi, produisoient un poil superfin.

Je pensai donc, dès ce moment, en étudiant la nature, et par de nouvelles combinaisons, former une nouvelle manufacture; assuré du succès par mes expériences pendant dix ans, pour faire produire à ma volonté dans cette manufacture des laines ou poils superfins pour fournir ces précieuses et premières matières qui manquent aux manufactures secondaires, puisqu'elles ne peuvent travailler que d'après mes produits, *je suis donc le premier manufacturier de ce genre en France*, par mon industrie, mes expériences et mon croisement, qui m'ont valu ces matières premières qui vont continuer à se manufacturer à ma ferme expérimentale, sans avoir besoin de privilège, puisque personne ne peut se procurer la source d'où découle cette précieuse découverte qu'en allant en chercher en Syrie.

C'est tellement une manufacture nouvellement établie, qu'il y a des préparations pour extirper de la toison le jarre, et maintenir le poil sans feutrage ni matières hétérogènes, comme le sont ceux de Cachemire et du Levant. L'art et la main de l'homme y sont employés, puisque je les fais préparer et teindre pour que nos manufacturiers puissent les mettre en œuvre.

Je me dispenserai de publier dans mon Mémoire les moyens que j'emploie pour manufacturer mes produits, n'étant pas obligé de publier les procédés de mon invention; et je suis sans contredit le *premier manufacturier* de pareille matière. D'ailleurs, une fois

---

vigoureux, le flux de ventre les faisoit mourir, j'ai fait devancer le saut d'un mois; alors tous les inconvéniens ont disparu, et mes agneaux sont superbes.

connus, les Anglois ne tarderoient pas à attirer chez eux d'aussi importans produits, et, sans nul doute, donneroient de grandes récompenses à celui qui les y établiroit le premier, comme ce Gouvernement a l'habitude de le faire.

Dès-lors je prévis qu'en naturalisant en France cette race précieuse, et la croisant avec la race indigène, on parviendroit à produire un poil et un lainage assez fins pour servir à la fabrication des belles étoffes de laine.

Le poil des chèvres d'Angora et de Syrie est déjà employé chez nous pour la fabrication des camelots, des pannes et des velours d'Utrecht, qui font exporter dans l'étranger des millions pour se procurer le poil de chèvre tout filé; d'autant plus qu'aujourd'hui, par économie et pour la durée, on ne se meuble presque, à la campagne et à la ville, que de ce velours pour les canapés et les fauteuils. Mes premiers métis ont le poil assez élastique, gros et long, pour suppléer et remplacer le poil d'Angora. Chaque métis produira à la tonte de mai trois livres, à celle du premier août deux livres, et à celle d'octobre une livre et demie, sans crainte que ni le froid ni le chaud ne leur fasse aucun mal. Le prix de ces premiers poils de métis pourroit aller à 5 francs la livre. N'y ayant pas de suint à attendre, on peut les tondre quand on veut, et le poil n'est que plus beau à la fin de l'hiver; on l'emploie aussi aux ouvrages d'ornemens pour les meubles et les habits.

La France tire cette matière première toute filée du Levant, et laisse exporter son numéraire dans le commerce étranger (1). Je suis informé qu'on a déjà fait quelques tentatives heureuses à Amiens pour filer le poil de chèvre d'Angora, et on a observé qu'il perdoit beaucoup moins que la laine dans la manipulation, trente livres de poil de chèvre en suint ayant produit quinze livres de fil et quatre livres de peignon.

Le poil de mes boucs et chèvres de Syrie ne diffère de celui d'Angora que parce qu'il est plus long et plus fin, et a le seul avantage du beau croisement. Le poil de mes métis ne produira presque point de déchet, d'après l'opinion de MM. *Ternaux*, et au quatrième croisement vaudra de 9 à 10 francs la livre. Ces habiles fabricans ont déjà fait filer le plus gros poil de mes boucs de Syrie, qui a réussi parfaitement, et ils l'ont présenté à la Société d'Encouragement.

Le désir d'affranchir mon pays du tribut qu'il paie à l'étranger pour le poil de chèvre, et d'un autre non moins important, des schals de cachemire et des belles étoffes de

(1) Depuis 1768 jusqu'en 1786, la seule ville d'Amiens a tiré pour plus de 7 millions de poil de chèvre filé du Levant. Cette Notice est tirée du *Bulletin de la Société d'Encouragement.*

l'Inde, a soutenu mon zèle dans l'établissement de ma nouvelle manufacture, et je m'estimerai heureux d'avoir pu être utile à ma patrie et d'avoir obtenu le suffrage de la Société d'Encouragement dont je suis membre, qui a admiré la douceur et la finesse de la toison que MM. *Ternaux* s'occupent de faire fabriquer.

On sait combien la mode de ces étoffes est générale aujourd'hui; toutes les femmes veulent avoir des schals de cachemire; mais il n'y en a qu'un petit nombre qui puisse atteindre à leur prix excessif. On voit le goût de ces étoffes porté à un tel point que les robes, les chapeaux et jusqu'aux souliers sont en cachemire. C'est avec raison qu'on leur accorde la préférence sur les étoffes de laine; la beauté du tissu, sa douceur et sa solidité, la vivacité des couleurs et la bizarrerie des dessins, les font rechercher dans le commerce. On a cherché à les imiter par un mélange de laine et de soie; mais le défaut de la matière première a rendu ces tentatives infructueuses. Aujourd'hui, par mes découvertes et l'établissement d'une aussi importante manufacture, nous aurons bientôt cette matière première en France en grande abondance, si le Ministre seconde mes expériences et mon zèle et me fait donner des fonds, les miens étant épuisés par mes constructions et par l'argent que j'avance à vingt-quatre vignerons que j'ai sur mes propriétés, et qui n'ont pas vendu leur vin.

Je formai, en l'an XI, une carte d'échantillons de mes poils de chèvres, que je présentai à l'École vétérinaire de Lyon dans l'intention de vendre mes nouvelles chèvres étrangères, buffles et mérinos que j'y avois déposés, et que je vendis à bon marché pour propager ces utiles espèces d'animaux. J'ai fait imprimer à la fin de ce mémoire un répertoire indicatif contenant l'explication des premiers échantillons de ma nouvelle manufacture, exposés en l'an XI, à l'École vétérinaire de Lyon; et une explication d'un nouveau tableau d'échantillons démandé par la Société d'Encouragement, en l'an 1809, qui est composée de trente-quatre numéros pris nouvellement dans ma ferme expérimentale, et qui prouve que la finesse s'est maintenue et que les poils se sont même améliorés par le moyen des boucs et chèvres d'Islande à quatre cornes. Quoique ces boucs aient un poil long et très-rude, ils ont donné au premier croisement avec les chèvres de Syrie les échantillons N°s. 14, 18, 19 et 23, qui sont très-doux et d'une assez grande finesse; au second croisement ils seront bien plus beaux encore. Mes chèvres de race pure de Syrie m'ont aussi donné des poils dont la finesse est double de celle des poils du premier père.

MM. *Ternaux* s'occupent de fabriquer un schal de ces poils; ces mêmes fabricans emploient avec succès les poils de chèvre de la province de Cachemire, voisine du Tibet, et dont Sirinagor est la capitale. On sait que c'est de ce pays que nous viennent ces beaux schals si estimés en Europe, mais dont le prix est exorbitant; ce qui tient sans doute à la difficulté et à la longueur du travail et au grand éloignement; mais il faut chercher une autre cause de cette cherté dans la difficulté des transports de ces schals qui viennent par terre; car je suis persuadé qu'un schal, qu'on vend à Paris 50 à 60 louis, ne revient pas à plus de 15 ou 20 louis en Perse.

MM. *Ternaux* estiment que les poils de chèvre que je leur ai présentés peuvent remplacer avantageusement ceux de cachemire. Ils n'ont pas, d'après mes soins et en les préparant d'après mes procédés dans ma nouvelle manufacture, comme ces derniers, l'inconvénient de se feutrer sur le corps de l'animal, ni d'être pleins de résidus de dartres, auxquelles les chèvres sont sujettes; et ce sont ces dartres des chèvres de Syrie qui leur font tomber le poil en partie. J'ai su éviter cet inconvénient par mes procédés manufacturiers; ce qui est un avantage inappréciable pour nos fabricans, puisque cela cause un déchet de plus de moitié dans la fabrication à MM. *Ternaux* : ce sont donc des transports d'un prix excessif en pure perte et qui sont doublés par ce déchet.

MM. *Ternaux* ont mélangé les poils du quatrième croisement avec ceux des chèvres de cachemire; il a été difficile de les reconnoître quant à la blancheur, à la finesse et à la douceur; les miens cependant sont plus longs et point souillés de dartres ni de jarre. Les ballots qui ont été envoyés à MM. *Ternaux* sont plus ou moins atteints de cette maladie; ils les ont fait venir à grands frais par la Russie. On présume que les plus beaux schals de cachemire sont fabriqués avec du poil de chèvre et non avec la laine frisée de certains petits moutons dits de Perse, comme l'ont annoncé plusieurs voyageurs. Il y a aussi plus de moitié de déchet sur ces espèces, et on a beaucoup de peine à les nettoyer.

J'ai fourni à MM. *Ternaux* de la matière première de la race pure de Syrie de mes élèves de six mois de cette année, qui ont doublé en finesse et en douceur celle de leur premier père, en quantité suffisante pour en fabriquer un échantillon. J'en ai fait venir d'autres du troisième croisement, conformes aux échantillons des cartes qui ont été présentées à MM. les Commissaires de la Société d'Encouragement. Le schal qui en proviendra soutiendra la comparaison avec un schal de cachemire, du moins quant à la douceur, légèreté et solidité; même une de ces précieuses chèvres au deuxième croisement, viendra en vie avec sa toison; elle est destinée pour les utiles et beaux établissemens de Malmaison.

Il peut résulter de la naturalisation des chèvres de Syrie et d'Islande à quatre cornes en France, et de leur croisement avec des chèvres indigènes, des avantages inappréciables pour le commerce et l'industrie. On peut les conduire dans les hautes montagnes où les vaches et les moutons ne trouvent plus de nourriture; elles pourront s'y nourrir, et leur poil ne fera que croître en beauté. Comme je l'ai observé plus haut, on peut également les faire pâturer et parquer dans les plaines fertiles, pourvu qu'elles soient sous la conduite d'un berger intelligent et gardées par de bons chiens, et dans les luzernes et prairies artificielles, à l'aide de mes parcs volans en filets de joncs.

J'essaierai cette année dans ma manufacture de faire couvrir mes chèvres avec des enveloppes de toile, afin de conserver la douceur et la blancheur éclatante de leur toison; et pour éviter qu'en les tondant trois fois, l'humidité ou les fraîcheurs du printemps et de l'automne ne puissent les incommoder (1), on laisse ces chèvres métisses quelques jours dans les écuries, pour donner au poil le temps de repousser. MM. *Ternaux* ont fait fabriquer un schal blanc avec de la laine provenant d'une toison de mérinos ainsi conservée, et qui est infiniment plus blanc et plus beau que les schals faits avec de la laine de mérinos ordinaire (2), et qui, malgré le plus haut prix de la matière première, à cause de sa couverture et afin de remplacer et au-delà à l'agriculteur sa dépense, revient encore au fabricant à meilleur marché à cause du moindre déchet, et qu'il vend plus cher ce schal d'un blanc éclatant.

D'après ce que je viens d'exposer, on voit que je suis parvenu, par l'amélioration et le croisement de la race des chèvres et boucs de Syrie et d'Islande, et par mes procédés (3)

(1) L'on coupe plusieurs fois avec avantage ces poils ou lainages parce qu'ils n'ont pas de suint, et que plus ils sont coupés souvent, plus ils deviennent fins et plus le produit est considérable, sur-tout lorsque les chèvres sont bien nourries; car alors leur poil pousse étonnamment vite. D'ailleurs le poil de cachemire n'a guère que huit à douze lignes de longueur, et il se file parfaitement.

(2) Voir le rapport transcrit à la suite de cet ouvrage, et imprimé, N°. XLVI du *Bulletin* de la Société d'Encouragement.

(3) Pour obtenir le lainage qui égale en douceur la vigogne et le chameau, comme il est établi et prouvé par les échantillons présentés à la Société, qui a nommé des Commissaires pour leur examen, dont le rapport est mis à la suite de ce mémoire, il est à observer que ce sont les chèvres à long poil des hautes montagnes du département du Rhône qui le produisent. D'abord, au premier croisement c'est un duvet qui croît à la racine du poil rude, et qu'on extrait, d'après mes procédés, sans faire tomber le poil rude pour éviter le mélange du jarre. Il s'améliore au deuxième croisement, et en croisant les produits toujours avec le bouc père, de Syrie, on obtient une plus grande quantité de lainage superfin qui, d'après l'aveu des Commissaires, de MM. *Ternaux* et d'autres fabricans, remplacera sans nul doute la laine de vigogne et le poil de chameau. Ce nouveau lainage est même de la couleur de ce poil.

particuliers de manipulation, à obtenir un poil et lainage d'une douceur et d'une finesse telles qu'il pourra remplacer avec avantage celui de cachemire, de chameau et laine de vigogne. Cependant, pour pouvoir en fournir non seulement à MM. *Ternaux*, mais à d'autres manufacturiers françois, il faut porter mon troupeau à mille chèvres. Je donnerai à mes voisins et aux cultivateurs de l'Empire françois l'exemple d'une amélioration aussi utile que profitable, et en enrichirai notre agriculture et le commerce.

Je placerai quatre cents chèvres et des boucs de Syrie dans un domaine que j'ai acheté à Auroux, dans les montagnes du département du Rhône, mais qui n'est point encore payé, et dans deux autres domaines contigus que je désire acquérir et qui offrent d'excellens pâturages. Je garderai six cents chèvres dans la plaine, et je continuerai à y élever des boucs de race pure de Syrie, qui serviront à remplacer ceux des montagnes.

Pour cet objet, il faudra entreprendre des constructions considérables, afin de faire aller en grand ma nouvelle manufacture et de procurer aux fabricans françois les poils à la grosseur et élasticité qui leur convient pour les velours d'Utrecht; poils et lainages plus doux et plus fins pour fabriquer toutes espèces d'étoffes pour l'habillement des hommes; troisième poil et lainage encore plus doux et plus fins pour fabriquer les beaux tissus des étoffes du Levant pour les femmes; et quatrième poil superfin égalant le cachemire pour faire les mêmes schals.

Tous ces échantillons et toisons sont connus et examinés par MM. *Ternaux*, et MM. les Commissaires feront, d'après ces échantillons, leur rapport. Il en est de même pour le lainage superfin; j'en produis de plusieurs finesses pour les étoffes de vigogne, la chapellerie et autres belles étoffes.

Je pourrai fournir au commerce, en grande quantité, ces matières premières, et empêcher l'exportation de notre numéraire à l'étranger, si le Ministre daigne me faire participer au décret impérial rendu à St.-Cloud le 11 septembre 1808, pour la disposition des fonds de diverses amendes pour marchandises introduites par contrebande, et par lequel, art. 7 : *La somme de* 3,408,665 *francs, formant le total de la somme portée aux articles* 1, 2, 3, 4, 5 *et* 6 *sera tenue en réserve à la caisse d'amortissement pour être employée à donner des indemnités et encouragemens aux manufacturiers; signé* Napoléon.

Demande d'une somme à prendre sur les fonds affectés par un décret impérial à l'encouragement de l'industrie.

Sur cette somme il n'y a encore eu de disposé que 90,000 francs en faveur d'un fabricant de dentelles de Bruxelles, et un autre de porcelaine de cette capitale, qui certainement n'ont pas mis dans leurs établissemens 200,000 francs en bâtimens, améliorations et introduction des races étrangères, sans presque de bénéfice dans le principe, comme je l'ai fait, non seulement dans ma manufacture, mais dans tous mes autres établissemens d'intérêt national, en naturalisant et propageant tous les animaux connus et inconnus des quatre parties du monde utiles et indispensables à notre commerce et à notre agriculture, que j'ai réunis et qui prospèrent sous tous les rapports à ma ferme expérimentale, comme les lettres des Ministres de l'intérieur, Préfet et Sous-Préfet de mon département, et leurs attestations transcrites à la suite de ce Mémoire, le prouvent, et notamment mon haras d'expérience pour lequel Sa Majesté m'a donné, dès l'an X, le premier étalon arabe venu avec l'armée d'Orient; ce qui m'a procuré la faveur d'offrir à LEURS MAJESTÉS les beaux et premiers produits de cet étalon qu'elles m'ont fait l'honneur d'accepter. Je fais venir par le courrier une de mes belles chèvres métisses à toison de cachemire françoise; et deux de mes petits sangliers métis de l'Inde, à poil long, égal et même plus fort que celui des sangliers de Russie (1).

Pour parvenir à ces heureux résultats, j'ai payé de gros intérêts dans les emprunts que j'ai été obligé de faire pour ne pas retarder mes différentes constructions, soit pour les bergeries impériales, soit pour les miennes, de même que pour établir une poste

(1) Ce mémoire n'a été publié que le 1er. janvier 1810, parce que l'auteur attendoit les planches gravées et l'arrivée de ces animaux qui sont venus par le courrier, d'après un ordre de M. *de Lavalette*, transcrit ci-après, qui ont été offerts à S. M. l'Impératrice, et qui prospéreront dans ses établissemens.

La toison de la chèvre est d'une blancheur éclatante, parfaitement frisée; mais n'étant qu'au deuxième croisement d'un bouc de Syrie avec une chèvre du Mont-d'Or, à court poil, elle n'a pas encore acquis la finesse des poils de Cachemire qu'on ne rencontre qu'au quatrième croisement, et on n'a pas voulu risquer cette dernière espèce par le courrier, parce qu'elle seroit venue dans un panier sur la malle, où elle auroit pu périr. Dans cette chèvre, au deuxième croisement, on voit la rapide amélioration en douceur et finesse sur le bouc de Syrie, et sur-tout sur celui de la chèvre du Mont-d'Or; elle a les oreilles tigrées, très-longues et point pendantes, comme on le voit dans la gravure No. 2, jointe à ce mémoire. Son poitrail et le dessous du cou ont conservé encore le poil ras et dure des chèvres du Mont-d'Or et de nos montagnes, et qui disparoît au troisième croisement. Ses cornes prennent un anneau chacun des premiers six mois, ce qui marque son âge actuel. Les sangliers métis de l'Inde, blancs et tigrés de noir, mâle et femelle, sont établis près la vacherie de Sa Majesté et dans ses bois, pour que les produits deviennent sauvages. J'ai fait venir aussi deux marcassins de cette précieuse race de métis qui n'existe en Europe qu'à ma ferme expérimentale, que S. A. S. le Prince de Neufchâtel a acceptés et établis dans son parc de Gros-Bois, afin de bientôt remplacer en grande quantité les poils de sangliers de Russie, comme des négocians de ce genre et les Commissaires de la Section des Arts de la Société d'Encouragement l'ont attesté dans leur procès-verbal du 7 septembre, signé *Bardel* et *Molard*, transcrit à la fin de ce mémoire, où on voit sous le No. 3 la gravure de ces sangliers métis et marcassins avec leur poil hérissé sur le dos.

impériale, et finalement des constructions considérables pour mon haras que j'ai été obligé de rebâtir en deux fois, les premières constructions ayant été la proie des flammes dans l'espace d'une nuit. J'ai remboursé partie de mes emprunts, et des légitimes de mes sœurs qui se montoient à 500,000 francs par la vente de huit maisons et de deux domaines, et presque sans diminuer les revenus que mon père m'avoit laissés, puisque j'ai doublé ceux territoriaux par mes mérinos, haras, pépinières, luzernières et autres établissemens.

Ainsi je crois m'être occupé aussi de la partie des calculs et des finances, attendu que la prospérité de l'agriculture tient à une caisse bien garnie, comme le salut des Empires à la bonne administration des finances.

Les agriculteurs doivent savoir que ce n'est que par la persévérance, une administration économique, et le temps, qu'ils peuvent, au bout de quinze ou vingt ans, tiercer leur capital en bénéfice, en sus de l'intérêt ordinaire de ce capital; qu'ils sachent que, dans la partie des haras, des mérinos et des troupeaux de mes nouvelles chèvres à poil de cachemire, les premières années il n'y a que de l'argent à mettre; mais en ayant de la persévérance et en établissant des prairies artificielles, ils voient bientôt revenir leur numéraire mis en avance dans leurs constructions et achats; et, pour prouver ce résultat, je suis convaincu, d'après mes calculs, qu'au moment où tous mes établissemens arrivent au période de leurs plus grands succès, et d'un rapport presque incalculable, leur bénéfice remboursera au Gouvernement, dans l'espace de huit ans, les sommes que je demande.

Projet d'établissement de banques territoriales pour la prospérité de l'agriculture.

Mais, pour pouvoir procurer des emprunts faciles à 5 pour cent d'intérêt à tous les grands propriétaires et agriculteurs zélés qui voudront suivre mon exemple, il convient d'établir des banques territoriales pour faciliter l'établissement des fermes expérimentales, à l'instar de la mienne, de même que pour procurer également des fonds aux agriculteurs peu fortunés pour payer leurs impositions, les droits de vente et revente de quelque portion de propriété qui s'acquittent d'avance entre les mains du Gouvernement; ce qui rend ces perceptions difficiles, et met les propriétaires dans le cas d'être les trois quarts du temps ruinés par l'agioteur et l'usurier, qui viennent leur proposer à court terme, même en prenant leur récolte pour nantissement, des petites sommes qu'ils leur prêtent à 12, 15 et même jusqu'à 24 pour cent par an : c'est un fait constant.

Il est impossible au Gouvernement d'atteindre et punir ces usuriers, parce que, lorsqu'ils font des contrats par devant notaires, ils capitalisent les intérêts et ne font mention que de 5 pour cent. Le malheureux agriculteur ne peut se soustraire à leur rapacité, parce qu'il faut que tous les mois il paie ses impositions avant d'avoir vendu sa récolte, ou qu'il la donne à moitié prix, comme il y a d'autres usuriers qui la leur achètent; ils la vendent plutôt que de la voir saisir, ou vendre leurs petites propriétés par expropriation.

Dans le commerce ce n'est pas la même chose; le crédit d'un négociant lui trouve sur la place de l'argent, et en renouvelant tous les trois mois ses effets à ordre, ou en créant des effets de circulation, par sa seule signature il est riche de son crédit; et, sans avoir souvent un sou dans sa caisse, il paie, par l'argent des capitalistes, un effet par un nouvel effet en l'acquit de l'ancien, sans payer aucun droit au Gouvernement. Il a encore cet autre avantage particulier sur le propriétaire, de ne payer qu'un intérêt modéré, et aujourd'hui, par les vues paternelles du Souverain qui nous gouverne, et par la création de succursales dans les départemens de la Banque impériale de France, le commerçant, moyennant trois signatures, trouve à 4 pour cent la somme qu'il veut à cette Banque pour faire son commerce avec avantage, au lieu d'en payer 6, 7 et 8 pour cent aux capitalistes.

Quelle reconnoissance le commerce ne doit-il pas avoir pour un aussi utile établissement, mais qui ne regarde ni ne peut regarder les agriculteurs, parce qu'il leur faut des prêts à longs termes sur les propriétés qu'ils cèderoient à une banque territoriale par vente *à réméré*, et à court terme de trois et six mois au plus sur les récoltes en vin ou en blé données en nantissement pour faciliter tous leurs paiemens de contributions, et autres droits à acquitter envers le Gouvernement, et attendre l'instant favorable pour la vente de leur récolte, et dont ils ne paieroient que 5 pour cent d'intérêt.

Il proviendroit un grand bien d'une pareille banque territoriale qu'on pourroit commencer à établir dans quelques départemens où les plus grands propriétaires se feroient un plaisir et même un honneur de venir, sans le moindre danger, et ayant même un bénéfice assuré, au secours des agriculteurs, en les soustrayant à l'esclavage des usuriers qui les ruinent sans ressource, une fois qu'ils ont été obligés de s'y livrer. Nul ne peut répondre, telle grande fortune ait-il, de n'être pas obligé de subir leur loi; tel qu'un grand propriétaire en vin qui ne vend point ses récoltes pendant plusieurs années, et qui est obligé de fournir à la subsistance de ses vignerons, et d'acheter à grand prix des tonneaux, et de faire faire des foudres; tel qu'un grand propriétaire en blé dont les greniers sont pleins et qui veut attendre le moment favorable pour vendre; tel que l'amateur de la propagation des belles races et des beaux troupeaux, qui bâtit pour les placer et ensuite pour en agrandir le nombre; tels que le petit propriétaire ou le fermier qui ne vend pas ses denrées, et qui, néanmoins, doit toujours payer pour soutenir la splendeur de l'État; aucun ne veut vendre une partie de sa propriété dans un moment où elles se vendent mal. Il est donc certain qu'aucune classe d'agriculteur ne peut éviter tôt ou tard de subir la loi du prêteur à un intérêt toujours bien plus onéreux que celui auquel on prête dans le commerce, et qu'il paie des frais énormes de contrats et d'hypothèque qui montent à deux pour cent, et dont le commerce est affranchi.

Tous ces motifs m'ont fait calculer, pour le bien de mon pays et la prospérité de notre agriculture, que le seul moyen à employer, sans être onéreux à l'État, et lui étant au contraire profitable, c'est sans contredit celui des banques territoriales à établir, basées sur les signatures des grands propriétaires qui composeroient le conseil et la direction desdites banques, jointes à la signature de l'emprunteur qui auroit cédé son bien ou sa récolte pour nantissement, qui, en cas de non paiement, seroit vendu un mois avant l'échéance des effets et à l'enchère, d'après l'acte passé en conséquence en faveur de la banque. La banque paieroit toujours l'effet au porteur à jour fixe ; les intérêts dudit effet en circulation ne seroient que de 4 pour cent, et la banque le plus souvent l'escompteroit d'avance à la volonté du porteur.

Mon projet est d'un si grand avantage et est d'une exécution d'autant plus facile pour faire fleurir notre agriculture, éviter la ruine de nos agriculteurs, empêcher même les banqueroutes des négocians qui prendront de ces lettres-de-change à termes portant intérêt, qu'aucune puissance ne peut en altérer la valeur ni le paiement, qu'aucun contrefacteur ne peut tromper la banque ni les porteurs des effets, parce qu'il faut contrefaire les signatures, imiter un papier difficile, et n'ayant pas le registre où il a été coupé ; il n'auroit qu'un papier inutile, et non une lettre-de-change ; et que tout porteur de cette lettre-de-change prêt à la recevoir, peut venir à volonté la confronter sur le registre de comparaison.

Le double de la valeur desdites lettres-de-change est déposé par des actes solennels entre les mains de la masse des premiers propriétaires qui doivent concourir avec plaisir à enrichir et favoriser l'agriculture et le commerce de leurs départemens. Si, au lieu de créer une banque territoriale indépendante, l'intention de Sa Majesté étoit de venir au secours de ses agriculteurs, comme elle l'a fait pour ses négocians par le moyen de la Banque de France, celle-ci ne compromettroit pas la sûreté de ses capitaux, et n'éprouveroit aucune perte par le retard des paiemens.

On établiroit dans chaque département une agence de la Banque de France, composée de quatre membres et un président choisis parmi les grands propriétaires. Ce seroit à cette agence que l'emprunteur s'adresseroit ; ce seroit elle qui prendroit des renseignemens sur la validité et la suffisance du gage hypothéqué. Sur sa demande écrite et motivée, la Banque impériale lui adresseroit les fonds qu'elle remettroit à l'emprunteur sur titres bien en règle.

La Banque impériale accorderoit à chaque agence, à titre de gratification à répartir sur chacun de ses membres, une prime de 1 pour cent par an sur le montant des emprunts, et qui seroit décomptée sur le montant des intérêts à 5 pour cent par an qu'auroit prélevés la Banque. S'il arrivoit que le remboursement n'eût pas lieu à l'échéance, et que le produit de la vente du gage ne suffise pas au remboursement, l'agence seroit obligée d'indemniser la Banque de la perte qui en résulteroit pour elle, et cela seroit juste, puisqu'il n'a tenu qu'à l'agence de faire prêter une somme moins forte par la Banque de France, qui a dû s'en rapporter à elle à cet égard, puisque l'agence a dû prendre connoissance de la valeur réelle du gage. Ces établissemens ou ceux des banques territoriales deviennent nécessaires, on peut même peut-être dire indispensables, pour suppléer en partie au numéraire qui devient rare dans les départemens par l'émission qui s'en fait à l'étranger pour des achats de matières premières nécessaires à notre commerce, et qu'on ne peut empêcher en partie que par mes nouvelles productions, en les soutenant et les faisant profiter en grand comme le Gouvernement a fait des mérinos. D'ailleurs, quelle satisfaction aura S. M. l'Empereur de voir ses agriculteurs fidèles être également favorisés par l'une ou l'autre de ces Banques, comme le sont les négocians par la Banque impériale et ses succursales. Dans tous les cas je devois parler de ce projet si essentiel à la prospérité agricole, puisque mon mémoire tend au même but.

Résultats obtenus par le croisement des chèvres, formant une fabrication nouvelle de différentes espèces de poils et lainages superfins.

Certainement ce n'est pas sans peine que j'ai calculé par des expériences exactes les moyens de diriger la première fabrication du monde, en annonçant et assurant d'avance des produits de différentes grosseur et finesse de poils et lainages superfins, par les combinaisons d'alliance et de croisement nouveaux, dont les résultats ne manquent jamais lorsqu'ils ont été une fois expérimentés ; en joignant ce talent à celui de la manipulation et à celui de les récolter avec avantage sur toutes les autres nations, c'est sans contredit établir une manufacture nouvelle, digne de la bienveillance du Génie qui nous gouverne.

J'ai demandé que la Société d'Encouragement voulût bien engager son Ex. le Ministre de l'Intérieur à me faire donner sur les fonds destinés par le décret impérial précité du 11 septembre 1808 à être donnés en indemnité et encouragement pour les nouvelles découvertes des manufactures, une somme de 150 à 200,000 francs, qui me seroient nécessaires pour acheter mille chèvres qui coûtent de 20 à 24 francs l'une, et pour acheter les domaines dont je viens de parler et faire les constructions propres à loger mes troupeaux de chèvres, faire aller en grand mon haras d'expérience, ainsi que tous mes autres établissemens; graver et imprimer les deux ouvrages présentés à la Société d'Encouragement dans la séance du 13 septembre, l'un sur les haras d'expérience pour être dédié à S. M. l'Empereur et Roi, et l'autre sur l'utilité des fermes expérimentales à établir en France, dédié à S. M. l'Impératrice après le lui avoir présenté et demandé sa permission : persuadé que le but du décret d'encouragement et de récompense s'étend sur toute espèce de manufacture et de découverte de matières premières, sans lesquelles les manufacturiers ne peuvent rien faire qu'à grands frais; et se voient forcés contre leur gré à exporter notre numéraire précieux à conserver, depuis que nous ne pouvons plus le remplacer par le commerce des piastres.

Tout à-la-fois ma nouvelle découverte est manufacture importante pour créer et préparer à volonté, teindre et filer toute espèce de lainages et poils superfins; elle devient encore un objet essentiel à faire prospérer en grand, soit sous des vues d'une politique sage ou d'une industrie commerciale dont la propagation s'accroîtra aussi vite que les mérinos, dont le produit de la laine en France a déjà empêché aujourd'hui l'émission annuelle de plus de 10 millions qui passoient en Espagne et en Angleterre; car c'est encore cette dernière nation aujourd'hui qui soutire notre numéraire par le transport des poils tout filés du Levant et de l'Inde qu'elle fait entrer par contrebande.

Par ma nouvelle manufacture et avec le temps je lui en ôterai tous les moyens, et par de nouvelles mécaniques pour filer toute espèce de poils de chèvres, et de nouvelles cardes, on extirpera le jarre, ainsi que cela se pratique en Angleterre, comme M. *Douglas*, mécanicien de cette nation, bien connu de notre Gouvernement, me l'a assuré.

On ne peut pas produire le même résultat avec les boucs et chèvres d'angora, comme j'en ai fait l'expérience, et que je l'ai écrit au préfet du département du Rhône, le 15 messidor an XI, pour en donner avis à S. Ex. le Ministre de l'intérieur : cette lettre est imprimée à la fin de cet ouvrage. Différentes expériences faites précédemment et citées dans l'*Encyclopédie* prouvent qu'on ne peut avoir cette amélioration par les boucs d'Angora (1).

J'ai conféré avec M. *Douglas* pour qu'une de ces mécaniques puisse marcher par le moyen de mes buffles : il m'a fait espérer que cela seroit très-facile à établir. Ce seroit

---

(1) Consulter le troisième volume du *Dictionnaire d'Agriculture de l'Encyclopédie méthodique*, page 153, et les *Mémoires de la Société d'Agriculture*, trimestre du printemps, année 1787, qui contiennent un mémoire de M. le président *de la Tour d'Aigues* à ce sujet.

d'autant plus essentiel à ma manufacture, que je fais propager depuis dix ans avec succès à ma ferme expérimentale la grande et petite espèce de buffles provenant d'Afrique.

Utilité des buffles dressés au travail.

Ces précieux animaux sont d'une force et adresse inconcevables à toutes sortes de travaux et en même temps d'une sobriété extrême, et la moitié de l'année ne vivent que d'herbes qu'ils pâturent dans les prés et dans les bois, et ne sont que plus vigoureux au travail quand ils sont au vert, ce qui est le contraire des autres animaux. Il seroit donc très-utile de les propager en France, soit pour l'agriculture, soit pour faire aller nos mécaniques, en les dressant et harnachant d'après mes principes, étant le seul dans l'Empire qui soit parvenu à les dresser et à les rendre au travail aussi doux que des chevaux.

Les buffles ont aussi une qualité particulière, c'est qu'on peut les mettre pâturer dans de jeunes luzernes et de jeunes trèfles, même à la rosée, sans qu'ils se météorisent, c'est-à-dire qu'ils gonflent et crèvent comme les boeufs, les vaches, les ânes, les mulets, les moutons, n'y ayant que les chevaux qui y résistent. C'est un avantage bien important, aujourd'hui que par-tout on sème et établit des trèfles, des luzernes et prés artificiels en abondance, et on ne sauroit trop le faire ; car par ce moyen on tierceroit le produit de la France s'il étoit général, par le nombreux bétail qu'on éleveroit, les abondans engrais qu'il procureroit, et le parcage. Le buffle de la grande espèce marche aussi vite que le cheval et est aussi adroit. Tous les jours ils s'attèlent et labourent ensemble à ma ferme expérimentale.

Je m'occupe à finir un ouvrage sur la nécessité d'établir des fermes expérimentales dans la majeure partie des départemens de l'Empire, et j'en ai démontré l'utilité au commencement de cet ouvrage, article *Ferme expérimentale* : j'ai déjà présenté dans la même séance de la Société d'Encouragement un gros volume *in-folio*, qui renferme vingt dessins de tous les animaux étrangers qui existent à ma ferme expérimentale, pour pouvoir décrire à chaque gravure leur qualité et utilité particulière, soit au commerce, soit à l'agriculture. J'ai présenté en même temps un autre volume *in-folio* de dix-huit dessins de M. le chevalier *Vernet*, dont un est gravé à la tête de ce mémoire, de toutes les espèces de chevaux existant à mon haras d'expérience et autres, pour en décrire également l'utilité particulière et le moyen de les faire croiser et propager avec avantage, de profiter de presque toutes les saillies de mon beau cheval arabe de race *koqueleny*, et d'exciter et assurer la fertilité des jumens, particulièrement de ma jument négresse éthiopienne sans poils, race nouvelle et inconnue que je propage. Et si S. M. L'EMPEREUR m'accordoit des jumens arabes et un étalon de même race, je serois sûr, dans mon haras d'expérience situé au midi de l'Empire, de conserver et propager la précieuse et belle race pure de chevaux arabes pour les écuries de Sa Majesté, en croisant entre elles les familles à la manière arabe (1).

Pour faire graver ces beaux et utiles dessins et imprimer mes observations; il faut des sommes, et je ne pourrois le faire si le Gouvernement ne venoit à mon secours, car j'aurai déjà dépensé beaucoup, et au-delà de mes moyens, soit pour propager et acheter tous ces précieux animaux, soit pour les autres avantages de notre agriculture et de notre commerce.

M. *Douglas* m'a fait espérer qu'un assortiment complet de cette machine à filer ne coûteroit pas plus de 10,000 francs, et fileroit par jour soixante livres de poil ou lainage superfin de mes chèvres. Il s'occuperoit de la construire aussitôt que le Gouvernement m'auroit accordé des fonds et compris dans les primes qu'il accorde aux fabricans qui emploient les machines de M. *Douglas*.

Cette mécanique mettroit dans la plus grande valeur ma manufacture de poils de chèvres et lainage superfin de nouvelle création, et ôteroit aux Anglois, par la suite des temps, ce genre de filature qu'ils ont adopté, et dont ils nous fournissent toute filée cette matière première; cela me mettroit à même de pouvoir procurer à nos manufacturiers ces beaux poils ou lainages bruts, teints ou filés comme il leur conviendroit.

Amélioration du poil de sanglier métis de l'Inde pour la brosserie, en remplacement de ceux de Russie.

Je me suis rendu aux ateliers de M. *Douglas*, à l'île des Cygnes, pour lui faire aussi connoître une nouvelle découverte que j'ai obtenue par le croisement des petits sangliers de l'Inde avec la petite espèce de nos truies, pour produire cet utile et indispensable poil de sanglier que nous tirons de Russie, et qui coûte jusqu'à 12 et 15 francs la livre, ce qui nous enlève encore des millions. M. *Douglas* en emploie pour des sommes considérables dans les mécaniques pour lainer les draps et casimirs; une seule de ces mécaniques emploie pour 360 francs de poils de sangliers de Russie : dans une infinité d'autres manufactures on ne peut se passer de ce poil et on ne peut le remplacer.

Aujourd'hui, par ma découverte, non seulement je le remplace avec avantage, mais M. *Douglas* m'a assuré que mon nouveau poil de sanglier sera meilleur, plus ferme et

---

(1) Pour parvenir non seulement à ce but, mais à la régénération générale des beaux et bons chevaux en France, il paroît nécessaire de suivre dans l'Empire mon système, détaillé au commencement de cet ouvrage, au projet sur les Haras d'expériences; et de mettre à exécution des lois de rigueur et de police sur la castration des jeunes poulains, comme cela se pratique en Angleterre. (Voir à la fin de cet ouvrage le rapport des officiers françois à cet égard.)

lainera mieux ; non seulement nos draps, mais encore les étoffes de vigogne et de draperie légère et superfine que procurera mon nouveau lainage de chèvre. Ce mécanicien en a gardé un échantillon, et j'ai mis sous les yeux des Commissaires ceux qui me restent.

Je ferai venir pour Malmaison cette jolie espèce de sangliers blancs, tigrés de fauve et de noir, hauts de deux pieds quatre pouces, et longs de quatre pieds ; ils font plus de six fois par an des petits, qui sont très-aisés à élever, très-délicats à manger, et propres à la salaison. J'ai remarqué qu'ils ne fouillent pas avec le nez dans les prés et dans les bois autant que les autres sangliers et cochons domestiques ; ils ont sur eux un avantage inappréciable, c'est qu'ils broutent la luzerne, n'en mangeant que les sommités sans fouiller le terrein. Pendant quatre mois de l'année je les ai nourris de ces fourrages verts, portés sous leur hangar, suffisant de leur donner chaque jour un peu de son pour les faire boire ; et je pense qu'on les rendroit facilement sauvages en les élevant dans les bois. Chacun d'eux peut produire une à deux livres de ce poil ; on pourroit le récolter deux fois par an ; et, lorsque ces animaux seront sauvages ou élevés dans les parcs volans, ils produiront le double de ce poil, qui sera plus long et encore plus fort ; et j'utiliserai particulièrement leur engrais, ne les rentrant presque jamais, et les tenant en troupeaux dans mes terres labourées et chaumes, nuit et jour, ou dans les bois pour manger les glands, où ils n'iront qu'en sortant de mes nouveaux filets et cordes d'écorces d'arbres que j'utilise pour mes parcs volans.

C'est encore un animal inconnu en Europe, et qui prospère à ma ferme expérimentale, très-important à multiplier pour empêcher que nous soyons plus long-temps tributaires de la Russie pour son poil de sanglier. MM. les Commissaires ont également été invités à faire un rapport sur ce poil intéressant pour les différentes fabriques de l'Empire. L'explication du tableau d'échantillon est ci-joint.

Si mes travaux, bien connus depuis dix ans pour parvenir à ce but de faire une guerre active et interne au commerce anglois et des autres puissances, par tous les produits de ma ferme expérimentale, et bientôt par ceux de ma manufacture, malgré les capitaux considérables que j'y ai employés, ne m'obtiennent pas des indemnités et encouragemens, au moins j'espère que, *pour les soutenir et empêcher leur anéantissement*, S. Ex. le Ministre voudra bien disposer en ma faveur de la somme que je viens de demander à titre de prêt, à un intérêt modique (sur les fonds du décret précité, dont 500,000 francs sont maintenant disponibles), intérêt qui se trouve déjà entre les mains du Ministre, par les 7,400 francs qu'il me paie annuellement pour la bergerie impériale établie sur mes propriétés, impositions comprises dont je resterois chargé.

Cette somme, que je désirerois emprunter pour sept ou huit ans (la durée du bail de la ferme de la bergerie impériale de St.-Georges établie dans ma terre), avec faculté d'en rembourser une partie chaque année, seroit hypothéquée sur cette ferme du Gouvernement et sur les nouveaux domaines achetés à la montagne, et autres dont je ferois l'acquisition. Dans ce cas, *je me chargerois, à mes risques et périls, de l'entreprise de ces nouvelles manufactures*, qui, réussissant en petit chez moi, me garantiront en grand un succès certain, n'y ayant que moi qui puisse les entreprendre, puisque je suis en France le seul propriétaire de la race pure des boucs et chèvres de Syrie, et des sangliers métis de l'Inde. Il seroit presque impossible de s'en procurer maintenant en Syrie et dans l'Inde, et ce seroit nuire aux manufactures, au commerce et à l'agriculture, que de laisser plus long-temps végéter ces précieuses découvertes.

Quel que soit son jugement j'ai déclaré à la Société d'Encouragement que, sur les produits que j'ai l'honneur de lui soumettre, je ne m'en estimerai pas moins heureux d'avoir contribué par mes travaux à la prospérité nationale, même aux dépens de ma fortune (1).

Si dix ans de travaux et de sacrifices de toutes espèces que j'ai faits pour améliorer dans tous les genres les races étrangères et l'agriculture françoise, ainsi que le prouvent toutes les lettres des différens Ministres, des Préfets et Sous-Préfets, et leurs certificats que je fais transcrire au bas de ce mémoire, et notamment celles de M. le Sénateur Comte *Chaptal*, président de notre Assemblée, lorsqu'il étoit Ministre de l'Intérieur (*c'est à la protection que ce Ministre éclairé accordoit aux agriculteurs zélés, m'ayant procuré à bon prix la vente d'une partie de mes animaux, que la France devra le principe de mes nouvelles découvertes*); si un zèle ardent pour le bien public sont des

---

(1) La Société d'Encouragement, d'après le Rapport de ses Commissaires et la lecture de mon mémoire, m'a accordé son suffrage et son appui, en me recommandant par une lettre de son Président qui s'est adjoint le Conseil d'Administration à S. Ex. le Ministre de l'Intérieur, pour que j'obtienne la somme que je demande en encouragement, attendu l'utilité de mes découvertes à propager en grand pour la prospérité du commerce et de l'agriculture; et dont copie est à la fin de ce mémoire. Déjà le 11 messidor an XI, d'après la lettre de M. *Bureau de Pusy*, préfet de mon département, imprimée ci-après, et la réponse que j'y fis le 15 du même mois, mes découvertes étoient constatées et commençoient à être établies et publiées par des imprimés; mais elles sont restées englouties dans la foule des papiers des bureaux. Aujourd'hui j'ignore encore la destinée de mes réclamations; et, malgré la recommandation de S. M. L'IMPÉRATRICE et de notre Société d'Encouragement, et peut-être même malgré la volonté du Ministre, je partirai peut-être encore sans résultats si Sa Majesté ne prend une décision pour le bien et la prospérité de ces découvertes.

titres suffisans à la bienveillance et à la protection de mon Souverain, je le supplie de vouloir bien de faire rendre compte de ma demande par S. Ex. le Ministre de l'Intérieur, afin de me faire comprendre dans son décret du 11 septembre 1808, pour une somme donnée en récompense et encouragement pour ranimer l'amour de l'agriculture dans les grands propriétaires, ou bien pour me la prêter à longs termes et à un modique intérêt, comme la magnanimité de Sa Majesté l'a fait aux propriétaires des vignobles de Bordeaux, en assignant par un autre décret, pour cet emploi, une somme de 3,000,000 fr. qui ne sont point encore, à beaucoup près, absorbés.

Je suis aussi moi-même dans cette pénible position d'être obligé de venir au secours de vingt-quatre vignerons et de leurs familles qui cultivent et plantent mes vignes, attendu qu'ils n'ont pas vendu leur vin des années dernières, ni moi non plus, ce qui m'a mis dans le cas de leur en acheter pour leur avancer du blé; en sorte que mon humanité m'a mis dans l'obligation pour venir à leur secours, de faire construire à grands frais des caves et foudres de toutes grandeurs, puisqu'ils contiennent jusqu'à cent pièces de vin maconnoises l'un. Ils me serviront cette année, puisqu'il n'y a pas grande espérance que notre vin ait encore grand débit; au moins pourvoirai-je à la subsistance de mes vignerons, en enfermant leur vin dans mes grands foudres et leur fournissant du blé. Cela m'ôte mes revenus, et je prévois que, si le Gouvernement ne vient à mon secours par ce prêt, il faudra supprimer partie de mes utiles établissemens, ce qui sera très-pénible pour moi, après avoir construit particulièrement des écuries et bâtimens considérables pour mon haras d'expériences de chevaux de races croisées arabes, turcs et éthiopiens; pour continuer à élever des poulains courageux et remplis des premières qualités nécessaires pour de bons et beaux chevaux de guerre propres au service de Sa Majesté et de ses généraux, comme celui que l'Empereur et Roi a bien voulu agréer pour le jour de sa fête (quoiqu'occupé à dicter du milieu de ses camps victorieux une paix glorieuse et durable avec l'Allemagne), sur la proposition et réponse du Prince de Neufchâtel à S. Ex. le Duc de Gaëte, qui a eu la bonté de m'accorder la faveur de faire soigner ce jeune cheval dans ses écuries jusqu'à l'arrivée de S. M. l'Empereur et Roi (1).

(1) Lors du séjour de Sa Majesté à Fontainebleau, j'ai eu l'honneur de lui présenter, par l'entremise de M. le général comte *de Nansouty*, faisant fonctions de grand écuyer, ce jeune cheval de race croisée arabe que Sa Majesté a daigné recevoir avec bonté, en me disant, après l'avoir fait monter devant toute sa cour par son écuyer, M. *Jardin*, qu'il *l'acceptoit avec plaisir*. Depuis il m'a été payé à Paris très-généreusement d'après les ordres de Sa Majesté.

Mes efforts pécuniaires et mon crédit se sont épuisés pour soutenir et bâtir constamment afin d'agrandir ces précieux établissemens, quoiqu'ayant encore pour 800,000 francs de propriétés en biens fonds, ayant été nommé scrutateur par la loi, comme plus fort imposé du département du Rhône, et par suite membre de son Collège électoral, de manière que jamais la caisse d'amortissement ne peut trouver un prêt à long terme mieux assuré, et les intérêts aussi bien payés tous les trois mois, puisque c'est le Ministère de l'Intérieur, qui me les doit, qui les feroit verser à la caisse. Si ce prêt n'avoit pas lieu, contre mon attente, j'aurois aussi le regret de ne pouvoir étendre les suites de ces nouvelles découvertes de fabrication de matière première, si précieuse pour l'agriculture et le commerce de l'Empire, en lui conservant son numéraire dans l'intérieur, et le reversant sur ses manufactures, de manière à enrichir ses manufacturiers et ses agriculteurs des hautes montagnes.

C. FLANDRÉ D'ESPINAY.

Paris, ce 13 septembre 1809.

COPIE DES LETTRES

Des Ministres de l'intérieur MM. CHAPTAL *et* CHAMPAGNY; *du Sécretaire général du Ministère*, M. COULOMB; *de* M. *le Préfet du département du Rhône; et de* M. SAIN, *Sous-Préfet à Villefranche, Arrondissement où est situé la Ferme et Manufacture de* M. FLANDRE D'ESPINAY, *qui prouvent ses grands sacrifices de sommes qu'il a mises dans tous ses Etablissemens, et qu'il les conduit avec succès et perfection dans tous les genres, ce qui se trouve constaté par leurs Certificats du* 21 *septembre* 1809 *et celui de la Société d'Encouragement.*

Lyon, le 5 pluviose an X.

Le Ministre de l'Intérieur à M. FLANDRE D'ESPINAY.

L'AGRICULTURE vous doit, Citoyen, une partie de ses progrès; vos compatriotes reçoivent chaque jour de nouvelles preuves de votre amour pour le premier des arts, et vos domaines sont devenus par-tout des écoles consacrées à l'instruction, à l'adoption des méthodes avantageuses, au perfectionnement des procédés connus ou à l'introduction des animaux utiles.

Jusqu'ici j'ai tâché de faciliter vos travaux par tous les moyens qui étoient en mon pouvoir; j'ai sur-tout proclamé vos services, cité votre exemple; il m'est permis aujourd'hui de vous donner une nouvelle preuve du désir que j'ai de concourir à vos vues. Je mets à votre disposition le premier étalon qui nous est arrivé d'Egypte. Vous le conserverez avec soin ; vous le ferez croiser avec discernement et tiendrez un état exact de ses productions.

Veuillez, Citoyen, réunir vos efforts aux miens pour rétablir les belles races de nos chevaux ; ayez la noble ambition d'attacher votre nom à une régénération que sollicite le triple intérêt de l'agriculture, du commerce et de l'armée.

Je vous salue. *Signé* CHAPTAL.

Paris, le 30 floréal an X.

Le Ministre de l'Intérieur à M. FLANDRE D'ESPINAY.

J'ai reçu, Citoyen, avec une véritable satisfaction, le résultat de vos premiers essais dans votre ferme expérimentale. Je m'empresse de vous en accuser la réception. Je vous répondrai très-incessamment sur les différens objets de votre lettre. Je ne puis trop applaudir à votre zèle, et vous pouvez compter sur tout ce qui dépendra de moi pour concourir aux succès de vos louables efforts. Je vous salue.

Pour le Ministre, le Secrétaire-général,

Signé COULOMB.

Villefranche, le 9 juillet 1806.

Le Sous-Préfet de Villefranche à M. le Préfet, à Lyon.

MONSIEUR,

J'ai l'honneur de vous transmettre, avec une lettre de M. *Flandre d'Espinay*, relative aux progrès de sa ferme expérimentale, copie de la lettre que lui a écrit S. Exc. le Ministre de l'Intérieur, une copie certifiée du procès-verbal qui a été dressé en ma présence, sur l'efficacité des moyens employés par M. *Mettemberg*, pour la guérison du troupeau de mérinos qui existe dans la ferme dont il s'agit.

Si M. *Mettemberg* mérite des encouragemens, M. *d'Espinay*, par le zèle et le désintéressement avec lesquels il se dévoue à l'amélioration de l'agriculture, a lieu d'attendre du Gouvernement qu'il le secondera dans ses travaux. Je vous salue.

Pour copie conforme, le Sous-Préfet,

Signé SAIN.

Copie de la Lettre de M. le Préfet du Département du Rhône.
à M. FLANDRE D'ESPINAY.

Lyon, le 10 février 1807.

J'ai reçu, Monsieur, le schal fabriqué de la laine de votre troupeau, que vous m'avez fait l'honneur de m'adresser. Je l'ai trouvé très-beau, et je ne puis que vous féliciter sur vos soins et votre zèle pour la propagation de l'espèce des mérinos.

J'ai cru remplir vos vues, Monsieur, en envoyant ce schal au maire de la ville de Lyon, avec invitation de le faire déposer au Conservatoire des Arts et Métiers.

Veuillez agréer les nouvelles assurances de ma considération.

Signé C. HERBOUVILLE.

Paris, 27 germinal an IX.

Le Ministre de l'Intérieur à M. FLANDRE D'ESPINAY.

J'ai reçu, Citoyen, votre lettre du 25 ventose dernier. J'applaudis au zèle et aux efforts honorables que vous apportez pour préparer les progrès de l'agriculture et de l'amélioration des troupeaux.

Je recevrai avec reconnoissance les gants de laine que vous m'offrez, et je présenterai au premier Consul les deux paires que vous lui destinez.

Je voudrois pouvoir accueillir votre demande d'un grand nombre de bêtes à laine d'Espagne. Je puis vous faire parvenir autant de brebis que vous le désirerez; mais je ne pourrai y joindre que très-peu de beliers. Leur nombre disponible ne répond pas à la moitié des soumissions passées depuis long-temps. Heureusement les mères ont produit trois cents agneaux; c'est une pépinière pour les années suivantes, et peu-à-peu vous accomplirez vos projets de prospérité rurale. Informez-moi du nombre de brebis que vous devez avoir cette année, j'y joindrai quelques mâles, sans pouvoir encore en déterminer le nombre.

Je vous salue.

Signé CHAPTAL.

Paris, le 19 fructidor an XI.

Le Ministre de l'Intérieur à M. FLANDRE D'ESPINAY.

Vous m'avez adressé, Citoyen, avec votre lettre du 23 messidor dernier, un tableau d'échantillon des laines de vos beliers d'Espagne et des poils de chèvres et boucs de Syrie que vous entretenez.

Je ne puis, d'après ces échantillons, que reconnoître la supériorité des produits que vous obtenez, et ils ont déjà dû vous indemniser de vos peines et de vos avances.

Tout en applaudissant à votre zèle, je ne crois pas avoir besoin de vous engager à continuer de vous livrer à cette amélioration intéressante; vous connoissez par vous-même les avantages réels qu'elle offre, et en les recueillant, vous avez encore la satisfaction de contribuer à l'extension d'une branche précieuse d'économie rurale et commerciale.

Quant à la demande que vous me faites de vous nommer inspecteur des haras et de vous confier une ou deux jumens arabes, je me vois dans l'impossibilité de répondre à vos désirs.

Je ne puis disposer d'aucun des chevaux arabes qui appartiennent au Gouvernement; d'un autre côté, il n'y a dans ce moment aucune place vacante dans les haras, et il n'est point question de créer de nouveaux emplois dans cette partie de l'Administration publique.

Je vous salue.

Signé CHAPTAL.

Lyon, le 18 juillet 1806.

Le Préfet du Département du Rhône à M. FLANDRE D'ESPINAY.

J'ai reçu, Monsieur, votre rapport à la date du 9 de ce mois, sur la situation actuelle de votre ferme expérimentale. J'ai reçu également de M. le Sous-Préfet le procès-verbal des expériences que vous avez faites sur vos mérinos, avec l'essence antipsorique du sieur *Mettemberg*.

Je ne puis qu'applaudir à vos efforts pour les progrès de l'agriculture. Je suis persuadé que vous trouverez d'autant plus de jouissances dans les soins honorables auxquels vous vous livrez, que leur utilité sera plus constatée.

Recevez, Monsieur, les assurances de ma haute considération.

Signé C. HERBOUVILLE.

Paris, le 17 avril 1807.

Le Ministre de l'Intérieur à M. FLANDRE D'ESPINAY.

J'ai lu avec intérêt, Monsieur, le mémoire que vous m'avez transmis sur les moyens d'établir, dans le département du Rhône, un haras d'expériences. Il m'a paru contenir plusieurs idées utiles, et j'ai vu avec plaisir que vous citiez à l'appui de ces idées les essais que vous avez faits vous-même. Je dois des éloges au zèle avec lequel vous vous occupez, non seulement de ce qui concerne l'élève des chevaux, l'entretien et l'amélioration des races, mais encore de plusieurs autres branches d'économie rurale.

Les détails que vous m'avez donnés sur la manière dont est composé et tenu votre établissement, et sur-tout l'offre que vous me faites d'y recevoir les chevaux qui seroient destinés à former le haras d'expériences de Lyon ; méritent mes sincères remercîmens. Les circonstances ne me mettent pas dans le cas de profiter de cette offre, dont néanmoins j'apprécie et je loue les motifs.

Vous me témoignez en même temps le désir d'être employé soit comme Directeur du haras d'expériences, soit comme chef d'un dépôt d'étalons. Vous savez que Sa Majesté s'est réservé la nomination à ces emplois, et je ne dois pas vous dissimuler que les demandes analogues à la vôtre sont tellement multipliées que je ne pourrois vous porter, avec quelque espoir de succès, sur la liste des candidats.

J'ai l'honneur de vous saluer,

Signé CHAMPAGNY.

Villefranche, le 6 octobre 1807.

Le Sous-Préfet de Villefranche à M. D'ESPINAY.

MONSIEUR,

Monsieur le Préfet, par sa lettre du 23 septembre, m'annonce que le Gouvernement a bien voulu consentir à établir à St-Georges la bergerie de mérinos qui existoit à Pompadour, et qu'il va passer incessamment lui-même un bail avec vous pour cet établissement. Il m'apprend également qu'une partie de ce troupeau est en marche et ne tardera pas d'arriver. M. *Chancey* est nommé Régisseur de la bergerie; M. *d'Herbouville* l'a prié de suivre les intentions du Ministre, en faisant sur-le-champ les dispositions convenables pour la réception, le logement et la nourriture des animaux qu'on attend.

Je vois cet établissement avec la plus grande jouissance, et vous promets de seconder de tout mon pouvoir les opérations du Régisseur, votre zèle pour les progrès de l'agriculture et pour la formation de cet établissement ne pouvant offrir que les plus grands avantages à ce département.

Agréez, Monsieur, les assurances de ma considération,

Signé SAIN.

Le Préfet du Département du Rhône à M. FLANDRE D'ESPINAY.

Lyon, le 19 mars 1808.

J'ai l'honneur, Monsieur, de vous adresser à la suite de la présente la notice de vos jumens qui ont été saillies l'année dernière par des étalons en dépôt à l'Ecole impériale vétérinaire de Lyon. Je vous serai obligé de me faire connoître le résultat de ces accouplemens.

Agréez, Monsieur, les assurances de ma considération.

Signé HERBOUVILLE.

1°. Le 17 février 1807, le Servien a sailli une jument normande, hors d'âge, taille de 9 pouces, noir mal teint, marquée en tête, deux balsanes postérieures : elle a été saillie deux fois.

2°. Le 21 dudit, le même a sailli une jument normande, de huit ans, taille de 9 pouces, poil bai, marquée en tête, une balsane postérieure hors montoir : elle a été saillie deux fois.

3°. Le même jour, le Princisko a sailli une jument comtoise, de 9 pouces, âgée de 7 ans, poil rouan vineux : elle a été saillie deux fois.

4°. Le 21 février 1807, le Palatin a sailli une jument comtoise, âgée de 6 ans, poil alzan clair, marquée en tête : elle a été saillie deux fois.

5°. Le 27 dudit, Le Servien a sailli une jument charoloise, hors d'âge, taille de huit pouces, marquée en tête : elle a été saillie une fois.

6°. Le 3 mars, le Brutus a sailli une jument normande, de 7 ans, taille de 9 pouces, poil bai brun : elle a été saillie une fois.

7°. Ledit jour, le Servien a sailli une jument bressanne, de 6 ans, taille de huit pouces, poil bai brun, marquée légèrement en tête : elle a été saillie deux fois.

8°. Le 11 mars, le Servien a sailli une jument normande, de sept ans, taille de 9 pouces, poil alsan rubican, légèrement marquée en tête, deux balsanes, dont une antérieure, et l'autre postérieure montoir : elle a été saillie trois fois.

Le directeur de l'Ecole impériale vétérinaire de Lyon atteste et certifie que la jument la Reine de Congo, de race éthiopienne, sans poils, a été couverte par l'étalon le Princisko, le 3 mai 1807, d'où il est résulté une belle production ayant poils et crins. Ladite jument et son élève sont au haras de M. *Flandre d'Espinay,* commune de Saint-Georges, arrondissement de Villefranche, département du Rhône.

Signé BREDIN.

Le préfet du département du Rhône atteste la sincérité de la signature ci-dessus de M. *Bredin.*

Lyon, le 3 mai 1809.

Pour le préfet, le secrétaire-général *signé* P. LUYLIER.

COPIE de la Lettre de M. DE NOMPÈRE, *Directeur du Haras de Cluny, à* M. FLANDRE D'ESPINAY, *Propriétaire du Haras des Tournelles de Flandre.*

Cluny, le 4 avril 1809.

MONSIEUR,

Après la réception de la lettre que vous m'avez fait l'honneur de m'écrire, je me suis empressé de satisfaire à vos désirs; cependant le Princisko étant réparti en Bourgogne pour le temps de la monte, je n'ai pu y répondre à cet égard; mais je l'ai fait remplacer par le Palatin que vous connoissez sûrement, qui est un beau cheval. Votre jument turque a refusé deux fois avec résistance, ce qui annonce qu'elle est sûrement pleine. Elle a été mise dans une écurie particulière du haras, et a été nourrie comme vous l'avez désiré. Votre seconde jument a été saillie avant le départ de votre homme de confiance; il veut repartir de suite, je suis obligé de terminer.

J'ai l'honneur d'être avec la considération la plus distinguée, Monsieur,

Votre très-humble est très-obéissant serviteur.

Signé B. DE NOMPÈRE.

Le Préfet du Département du Rhône au Citoyen Flandre d'Espinay fils, *Agriculteur.*

Lyon, le 11 Messidor an XI.

Citoyen,

J'ai l'honneur de vous adresser la copie d'une lettre que vient de m'écrire le Ministre de l'Intérieur, pour obtenir des renseignemens sur l'utilité de l'introductiondes chèvres d'Angora au Mont-d'or. Cette question n'a point eté traitée d'une manière approfondie, suivant le vœu du Gouvernement et l'Intérêt des localités. En me référant aux demandes et observations que je vous ai précédemment adressées, je vous prie de me mettre à même, par la communication de vos idées et du fruit de vos expériences, de répondre promptement au Ministre.

J'ai l'honneur de vous saluer.

Signé Bureaux de Pusy.

Flandre d'Espinay *au* Citoyen Bureaux de Pusy, *Préfet du Département du Rhône.*

De ma Ferme expérimentale des Tournelles de Flandre, le 15 Messidor an XI.

Citoyen Préfet,

Je vous envoie douze exemplaires de la deuxième affiche dont vous avez autorisé l'impression; les autres ont été affichées dimanche dernier dans la ville. J'ai fait aussi imprimer cent cinquante exemplaires du répertoire indicatif des différens échantillons des poils et laines, qui se trouvent exposés dans les tableaux à l'Ecole vétérinaire. Je vous en adresse aussi douze exemplaires. Ils présentent le résultat de mes expériences, et vous verrez que la note concernant les chèvres du Mont-d'Or répond à la lettre du Ministre de l'Intérieur du 2 messidor an XI. C'est tout ce que je puis lui dire concernant les chèvres de Syrie et leurs croisemens.

Je vous soumets, citoyen Préfet, le fruit de mes expériences, et, secondé par vos bonnes intentions pour la prospérité de notre agriculture et du commerce de cette ville, je ne doute pas de pouvoir faire fabriquer, du poil et lainage de mes chèvres, des étoffes aussi précieuses que celles du Levant.

J'ai oublié de vous prier de mettre en marge de mes répertoires le permis d'imprimer, parce que j'ai cru qu'il suffisoit qu'il fût sur l'affiche qui les annonce.

Je pense qu'à cause de la guerre j'aurai peu d'amateurs cette année ; mais la vente que je ferai l'année prochaine sera plus considérable, et il y aura plus de concurrens. Ce n'est que par la publicité et l'exemple que je donne de la réunion de toutes les races utiles que je fais prospérer et croiser avec succès, qu'il viendra progressivement des amateurs, et qu'on engagera les riches propriétaires à s'adonner à ce genre de spéculation, la plus utile pour notre agriculture et notre commerce. J'ai vendu hier à l'amiable un de mes beliers de dix-huit mois 300 francs et la brebis 200 francs.

Vous pourriez, Citoyen Préfet, faire acheter le jeune bouc de Syrie pour le Mont-d'Or, afin d'y faire l'expérience que j'indique par une de mes notes imprimées. Il est déjà tout acclimaté, et il coûtera moins cher que le transport des boucs d'Angora, que le Ministre annonce vouloir donner, et qui ne produiront pas le lainage et le poil fin que produisent mes boucs de Syrie, l'ayant éprouvé, et que le département doit faire venir à ses frais de Paris.

Il seroit peut-être imprudent d'engager le Gouvernement à faire ce don au Mont-d'Or, avant d'avoir fait l'expérience indiquée ; autrement on pourroit leur faire un mauvais cadeau. C'est ce que je vous prie d'observer au Ministre. Il faut auparavant être bien sûr que le goût exquis des fromages du Mont-d'Or ne subira pas d'altération par le croisement des races. Ce croisement d'ailleurs s'opère avec bien plus de succès avec les chèvres à long et court poil de nos montagnes les plus hautes, dont les habitans ne font des fromages que pour leur usage ; et le poil superfin, ainsi que le lainage, y seront dans leur beauté comme à ma ferme expérimentale, où je fais pâturer les chèvres sur les plus hautes montagnes m'appartenant, et où elles ne sont pas constamment dans des écuries, comme au Mont-d'Or, ce qui nuit à l'amélioration des poils et lainages superfins, que j'ai découverts par mes expériences dans le croisement des races du bouc de Syrie, que je ne puis faire réussir en grand, si le commerce ne veut employer mes poils de chèvres, et si le Gouvernement ne me fait pas des avances pour bâtir des bergeries et acheter d'autres domaines dans la montagne. Notre Société d'Agriculture et vous, Citoyen Prefet, êtes pourtant persuadés que c'est la plus belle découverte du siècle, et qui marchera avec autant de rapidité que l'amélioration des beliers mérinos avec les brebis du pays. Le quatrième croisement des boucs de Syrie avec les chèvres à court et long poil du pays produit un lainage et poil superfin, égalant celui des chèvres de Cachemire et la laine de Vigogne, comme le prouvent le tableau déposé à l'École vétérinaire et celui des onze couleurs, teintes à la manière du Levant par MM. *Gonin*, nos habiles teinturiers.

Si Je n'avois pas autant dépensé pour mon haras d'expériences et ma bergerie, j'emploierois encore mes capitaux pour suivre en grand cette expérience, dont les résultats vous sont démontrés aussi clairement qu'ils me sont évidens.

Je suis avec considération, Citoyen Préfet.

Signé FLANDRE D'ESPINAY.

EXTRAIT de l'Affiche apposée en l'an XI, par ordre de la Préfecture du département du Rhône, pour la Vente de beaux Troupeaux et de belles Laines provenant de ma Ferme expérimentale.

Le lait des chèvres de Syrie est aussi abondant et aussi propre à faire de bons fromages que celui des chèvres du département du Rhône; mais le poil superfin des boucs et des chèvres de Syrie les rend infiniment plus précieux, puisqu'il résulte des expériences faites par la Société d'Agriculture que ce poil, mis en teinture, peut prendre toutes les couleurs.

Ainsi, en substituant les boucs et chèvres de Syrie aux boucs et chèvres communs, le cultivateur ajoutera, au profit qu'il tire du lait et de l'engrais, le bénéfice que lui procurera la tonte annuelle de ces animaux, et fournira au commerce une matière première, si précieuse que l'on pourra en fabriquer des schals aussi beaux que ceux de cachemire.

En comparant les différens boucs mis en vente et les échantillons du poil des boucs de race pure et métisse déposés à l'Ecole vétérinaire, on sera convaincu que le croisement des boucs de Syrie avec les chèvres du pays suffit pour améliorer le poil de celles-ci, au point que le poil superfin des jeunes chèvres métisses est d'une finesse comparable à celle du poil des chameaux, de la vigogne et des petites chèvres de Cachemire.

Tous ceux qui élèvent des chèvres ont par conséquent le plus grand intérêt, pour améliorer et utiliser le poil de ces animaux, de se procurer des boucs de Syrie, qui existent seuls à ma Ferme expérimentale.

EXTRAIT du Bulletin de la Société d'Encouragement, N°. XLVI, *page* 350.

M. *Ternaux* a présenté deux schals blancs, dont l'un est fabriqué avec de la laine provenant de toisons couvertes, et l'autre avec de la laine mérinos ordinaire : le premier est d'un blanc plus pur et plus éclatant que l'autre.

Le même membre a présenté un schal blanc fabriqué avec de la laine de cachemire, qu'il a fait venir à grands frais de Russie. La beauté et la douceur du tissu de ce schal ont fixé l'attention des membres du Conseil, et ils ont paru très-satisfaits de ce nouveau produit de l'industrie, dont on doit savoir gré à M. *Ternaux* d'avoir enrichi la France. Nous donnerons dans un prochain numéro des détails plus étendus sur cette intéressante fabrication, et sur les avantages qui peuvent en résulter pour notre commerce.

M. *Ternaux* a également mis sous les yeux des membres du Conseil des échantillons de poils de chèvre, que M. *Flandre d'Espinay*, propriétaire dans le département du Rhône, a obtenus en croisant des chèvres du pays avec des boucs de Syrie. Cette laine lui a paru avoir la finesse, le nerf et la blancheur de celle de cachemire.

RÉPERTOIRE INDICATIF

Du Tableau des différens Poils des Chèvres de race pure de Syrie ; de leur croisement avec un Bouc métis, et du croisement des Boucs de Syrie avec les chèvres à long poil des hautes montagnes du Département du Rhône et du Mont-d'Or, lesquels existent à la Ferme expérimentale de M. FLANDRE D'ESPINAY, *et ont été pris sur les échantillons présentés et exposés à l'École Vétérinaire de Lyon, le* 30 *messidor an XI.*

Nos. 1. POIL du bouc pére, de Syrie, provenant de Rambouillet.

2. Poil du bouc père, dans sa plus grande longueur, et teint en rouge pour faire connoître aux amateurs que toutes les couleurs prennent, même sur le poil rude du bouc. Il paroît que ce poil, après avoir été dégraissé, est plus fin et plus doux.

3. Poil de la chèvre mère, de Syrie, existante à la ferme expérimentale, mère des jeunes boucs.

4. Poil des jeunes boucs, de race pure de Syrie.

5. Poil d'une jeune chèvre blanche, de race pure de Syrie.

6. Jeune chèvre noire, quoique provenant d'une chèvre et d'un bouc blancs, de race pure de Syrie, provenant de Rambouillet. Cette espèce est plus élevée que celle d'Angora : elle a les cornes en spirale et la queue en trompette, comme le désigne la planche que l'on voit dans les ouvrages de *Buffon*, article *Bouc d'Angora;* tandis que les boucs de Syrie ont leurs cornes courbées en arrière, et les chèvres les ont presque droites, et la queue versée de côté, comme les boucs et chèvres de ma ferme.

Nos. 7. Poil d'une chèvre des hautes montagnes du département du Rhône, laquelle a produit deux boucs et une chèvre de la même portée, sous le n°. 8, croisée avec le bouc de Syrie. On y remarquera de la finesse en comparaison du poil de la mère et des chèvres du Mont-d'Or, et même de leur croisement avec le bouc de Syrie.

8. Même portée de cette année de deux boucs et d'une chèvre croisés, provenant de la chèvre à long poil des hautes montagnes du département, et du bouc de Syrie.

9. Bouc noir. Le poil et lainage de son dos et de ses flancs ont changé trois fois de couleur et de qualité, comme on le voit aux trois échantillons du tableau n°. 9. Mais depuis la toute il reprend son lainage superfin, qui, en grandissant, tombera et se détachera du poil rude, comme cela est déjà arrivé l'an dernier. Il est père du jeune bouc de métis, croisé avec une chèvre de race pure de Syrie.

10, 10 *bis*. Echantillons de poils de chèvres venant de la province de Cachemire; l'un est d'un blanc éclatant, et l'autre d'un beau gris.

11. Jeune bouc métis provenant du bouc métis et d'une chèvre métisse.

12. Jeune bouc métis de l'année, provenant du croisement d'un bouc métis noir avec une chèvre à long poil des hautes montagnes. Il annonce être d'une belle venue.

Le lait des chèvres de Syrie ou métisses diffère de celui des chèvres du Mont-d'Or en ce que le premier est plus épais, meilleur pour les poitrinaires, d'un goût plus agréable, moins abondant, à la vérité, mais les fromages en sont plus gras.

Avant de régénérer la race des chèvres du Mont-d'Or par le croisement avec des boucs de Syrie, le propriétaire invite les agronomes du Mont-d'Or qui se procureront un bouc de Syrie à soigner la première chèvre métisse qui en proviendra, afin de lui donner la même nourriture qu'à sa mère, et sans mélanger les laits, faire des fromages des deux qualités pour savoir si, par le croisement du bouc de Syrie, les fromages si renommés du Mont-d'Or ne changeroient pas leur goût exquis qui tient à la localité. M. *Flandre d'Espinay* s'occupe de cette expérience, mais elle ne peut se faire efficacement qu'au Mont-d'Or.

13. Jeune femelle métisse provenant de la chèvre à long poil des hautes montagnes du département du Rhône, et du bouc de race pure.

14. Poil ras des chèvres du Mont-d'Or.

15. Chèvre métisse provenant de la chèvre du Mont-d'Or et du bouc de Syrie. A la première génération on s'aperçoit qu'elle n'a gagné que sur la longueur, et presque point sur la finesse.

Nos. 16. Poil du second croisement avec la première chèvre métisse provenant de la chèvre du Mont-d'Or et du bouc de Syrie. (Voir sa gravure No. 2.) Il a gagné pour la finesse, mais non encore au point du premier croisement avec les chèvres à long poil des hautes montagnes, qui produisent le lainage superfin.

17. Jeune chèvre métisse de troisième génération, frisée : elle est plus belle que celle de race pure provenant de la chèvre métisse no. 16, et du troisième croisement du bouc de Syrie.

18. Laine de vigogne, pour prouver qu'elle est égale en finesse au second métis, poil et lainage des nos. 9 et 10, provenant du bouc de Syrie et d'une chèvre métisse.

19. Lainage superfin du bouc et chèvre métisse, désigné sous le nom de laine de cachemire françoise.

20. Poil pur du ventre d'un jeune chameau, pour prouver que le bouc gris et blanc des deuxième et troisième croisemens produit, par son poil et lainage superfin, une toison de même couleur, plus soyeuse et plus fine que le poil de chameau et la laine de vigogne, comme on le voit aux nos. 19 et 21. Les métis nés en France à ma ferme expérimentale, sont vraiment uniques dans leur espèce par la douceur de leur poil et de leur laine imitant celle de la vigogne et des chèvres de Cachemire, et le poil de chameau. Ces métis ont sur le cou et le dos une espèce de orinière aux premier et deuxième croisemens, et aux troisième et quatrième, le long poil rude disparoît de dessus le dos, et la toison devient superfine, comme on le voit par l'échantillon suivant :

21. Autre lainage ou poil de chèvre métisse au quatrième croisement provenant d'une chèvre du Mont-d'Or, et d'un bouc de Syrie. Il ressemble au poil des chèvres de Cachemire.

EXPLICATION du Tableau des Echantillons de Poil des races pures des Chèvres et Boucs de Syrie, présenté à la Société d'Encouragement en 1809, *et demandé par elle pour confronter les nouveaux Echantillons avec les anciens.*

Nos. 1. Poil du bouc père, de Syrie, âgé de sept ans, premier fils du bouc venu de Rambouillet. La longueur de son poil est de plus de dix pouces;

2. Poil du même bouc, tombé naturellement. On y remarque le feutrage qui se perd à fur et à mesure que le poil se détache partiellement et que les petites

dartres dont on voit des résidus le font tomber. Cet échantillon N°. 2 prouve que les petites chèvres de Cachemire ne sont ni tondues ni préparées, encore moins manufacturées, d'après ma nouvelle manière.

Nos. 3. Echantillon de poil de Cachemire donné par MM. *Ternaux*.

4. Echantillon du poil d'un jeune bouc âgé de trois ans, qu'on a laissé feutrer et tomber naturellement.

5. Toison d'une chèvre de Syrie âgée de quatre ans, de la seconde pousse de cette année.

6. Poil superfin des nouveaux métis à la quatrième génération, provenant du croisement du bouc de Syrie avec une chèvre blanche à poil ras du Mont-d'Or; il est aussi doux et aussi fin que l'échantillon N°. 3 du poil de chèvres de Cachemire.

7. Poil de cette année du jeune bouc âgé de dix-huit mois, de race pure.

8. Poil de chèvre de Syrie, noire, de race pure; quoique de cette couleur, il est très-fin et très-doux : produit de l'année dernière.

9. Poil d'une jeune chèvre de cette année, ayant environ six mois; dont la finesse et la douceur ont surpassé de plus du double le poil du premier père bouc de Syrie N°. 1.

10. Poil du jeune bouc de l'année, aussi âgé de six mois, dont la finesse et la douceur sont également étonnantes : c'est sans contredit une grande amélioration dans les races pures des boucs et chèvres de Syrie.

NOUVEAU TABLEAU des Echantillons de Poils des croisemens des Boucs et Chèvres de Syrie, avec les Boucs et Chèvres d'Islande, à quatre cornes, et des Boucs de Syrie avec les Chèvres à long et court Poil du département du Rhône; leur produit en Lainage et Poil superfin par ce croisement, comparé au Poil de petites Chèvres de Cachemire, de celui de Chameau et Laine de Vigogne, demandé par la Société d'Encouragement en 1809, dont l'évidence est constatée par les Certificats précédens des Maires et Sous-Préfet.

Nos. 1. Poil du même bouc père, de Syrie.

2. Poil de chèvres des montagnes du département du Rhône.

3. Poil de la crinière des métis provenant du croisement du bouc de Syrie et de la chèvre à long poil; il est entremêlé de poils aussi doux que la vigogne, le chameau et le poil cachemire, comme on le voit au N°. 4.

Nos. 4. Lainage superfin provenant de la même toison du bouc, No. 3, dont on peut tirer les plus grands avantages dans toute espèce de fabrication d'étoffes et pour la chapellerie. De chaque bouc ou chèvre on peut extraire environ deux livres à la première tonte; mais peut-être qu'en les croisant de plus en plus toujours avec le bouc de Syrie, on feroit disparoître le gros poil, et il ne resteroit que le lainage pur. Je n'ai point encore fait cette expérience, n'ayant pas suivi ce croisement aussi loin que celui des chèvres du Mont-d'Or à court poil, dans lesquelles, au deuxième croisement, la crinière de cheval sur le cou a disparu, ainsi que le gros poil et le jarre, comme on le voit dans l'échantillon, No. 13 et 6 du premier tableau. Il y a tout à espérer que j'obtiendrois le même succès du croisement des chèvres à long poil; alors nous doublerons les beaux et riches produits de ces lainages superfins.

5, 6. Poil du même bouc qui n'a que deux mois de pousse. Le No. 5 est tel qu'on l'a coupé et envoyé, et le No. 6 n'est que le lainage pur dont on a ôté les poils durs de ce bouc, qui a de huit à neuf ans.

7. Poil des chèvres du Mont-d'Or.

8. Poil du premier métis croisé avec le bouc de Syrie.

9. Poil du second métis croisé avec le même bouc. (Voir sa gravure No. 2.)

10, 11, 12. Echantillons de poils de chèvres de Cachemire, vigogne et chameau pour comparaison.

13. Poil du troisième métis croisé avec le même bouc de Syrie, dont la douceur et la finesse sont déjà étonnantes.

Nota. Le quatrième croisement est au No. 6 du tableau précédent.

14. Poil tombé de lui-même de dessus la jeune chèvre, provenant du premier croisement de la chèvre d'Islande à quatre cornes avec le bouc de Syrie. Cette chèvre a le poil presque aussi long et ressemble beaucoup aux chèvres de nos hautes montagnes; comme on le voit par l'échantillon No. 2. Ce premier croisement est aussi fin que le deuxième des chèvres du Mont-d'Or.

15. Deuxième croisement des chèvres du Mont-d'Or avec le bouc de Syrie.

16. Poil tombé de dessus les seconds métis.

17. Poil de chèvres du second métis.

18. Poil de chèvres de l'année dernière, provenant du premier croisement du bouc de Syrie avec la chèvre d'Islande.

Nos. 19. Autre produit de cette même année, de la même chèvre d'Islande avec le bouc de Syrie.

Nota. Ce sont deux petites chèvres à quatre cornes très-intéressantes par la finesse et douceur de leur poil au premier croisement. Combien seront beaux les deuxième et troisième croisemens !

20. Poil de chèvres rases du Mont-d'Or.

21. Poil très-rude d'un jeune bouc de l'année, à quatre cornes. Ce produit nouveau a dégénéré en ce que le bouc d'Islande et le métis ont le poil très-rude; croisé avec une chèvre du Mont-d'Or, qui l'a aussi très-rude, il n'a procuré que ses quatre cornes à ce jeune bouc, en lui laissant la rudesse de son poil. Il ne produit pas le même effet que le bouc de Syrie pour les chèvres françoises; mais par son premier croisement avec les chèvres de Syrie, comme on le voit à l'échantillon, N°. 22, il a produit au N°. 23, pour le premier croisement, une jeune chèvre métis à quatre cornes de cette année, d'une douceur et finesse égales au produit du croisement du bouc de Syrie avec la chèvre à quatre cornes d'Islande, qui existe à ma ferme expérimentale.

22. Poil de la chèvre mère, de Syrie, qui a produit une chèvre métisse avec le bouc d'Islande.

23. Poil de chèvre métisse à quatre cornes, de l'année, dont la douceur et la finesse sont étonnantes pour provenir du bouc d'Islande et de la chèvre de Syrie.

24. Poil du bouc d'Islande métis de métis, provenant du bouc noir qui produit le lainage, Nos. 3 et 4, et de la chèvre d'Islande; aussi a-t-il produit un poil rude, égal à celui de sa crinière.

Ces expériences réitérées prouvent que les boucs métis, lorsqu'ils proviennent du croisement du bouc de Syrie, et qu'ils sont superfins, peuvent se croiser seulement avec les métis aussi superfins, et entretiendront ce poil fin sans l'augmenter; mais si on les croise avec des chèvres du pays, cela dégénèrera, et plus encore les boucs qui proviennent des métis avec des chèvres du pays, comme l'expérience le prouve par le croisement du bouc métis, de métis d'Islande, avec une chèvre du Mont-d'Or, à son produit du jeune bouc, N°. 21. Il faut donc tirer la conséquence que les boucs métis, de métis ou simplement croisés avec la chèvre d'Islande, ne peuvent produire du poil superfin qu'en les croisant avec les chèvres de Syrie. De même les boucs de Syrie doivent faire toutes les améliorations des poils dans tous les genres par leurs divers croisemens avec les chèvres françoises et métisses, et les boucs métis provenant de lui ne peuvent qu'à la troisième ou quatrième génération entretenir les races croisées de métis, lorsqu'elles sont déjà superfines entre elles.

C'est là le résultat de toutes les expériences faites depuis dix ans, auxquelles on peut donner la plus grande publicité. Heureux d'avoir pu employer une partie de ma fortune à d'aussi avantageux résultats, qui peuvent être un jour de la plus grande importance pour l'agriculture et le commerce de l'Empire.

EXPLICATION du Tableau des Échantillons des Poils d'une nouvelle race de Sangliers de la petite espèce, dont le père vient de l'Inde et a produit des métis avec les petites Truies françoises des montagnes du département du Rhône, constatés pat les Certificats précédens des Maires et Sous-Préfets, et dont on voit la Gravure N°. 3.

Les soies provenant de ces échantillons sont marquées N°. 2, et le poil de mes nouveaux métis sangliers blancs, tigrés de fauve et de noir, comme ceux de Russie N°s. 1, 3 et 4; mais le poil N°. 1 est plus rude et sera meilleur pour les brosses à mécanique que fait M. *Douglas* pour la fabrication de nos draps. Ce mécanicien en a gardé un échantillon, le trouvant très-supérieur aux poils de sangliers qui viennent de Russie. Cela paroîtra encore impossible, d'après l'étonnante ressemblance des deux poils n°. 2, avec le poil de sanglier de Russie, et n°. 1 avec le plus fort qui vient du Nord. J'ai fait venir mâle et femelle de ces petits sangliers pour Malmaison; ils ont à l'âge de six mois trois pieds six pouces de long, sur deux pieds deux pouces de hauteur.

Ces nouveaux métis de sangliers se croisent et se propagent entre eux, conservant leur même poil si utile à nos fabriques, ainsi que leur même couleur de blanc tigré de fauve et de noir.

Chaque femelle fait par année cinq à six portées de chacune huit à dix petits qui s'élèvent à présent très-facilement, les ayant, par degrés, acclimatés à ma ferme expérimentale. D'abord très-susceptibles au froid qui les faisoit mourir, mes sangliers métis n'ont maintenant d'autre abri, même pendant l'hiver, qu'un hangar au milieu d'une cour. Je vais en mettre dans mes bois où je suis sûr qu'ils prospèreront dans leur état sauvage.

Non seulement ils ne fouillent pas autant que les autres sangliers et nos cochons domestiques, mais ils ont sur eux un avantage inappréciable, c'est qu'ils broutent la luzerne ; n'en mangeant que les sommités sans fouiller le terrein. Pendant trois ou quatre mois de l'année on peut les nourrir de ce fourrage vert qu'on leur porte dans leurs parcs sous l'hangar, suffisant de leur donner chaque jour un peu de son pour les faire boire. Ils sont très-délicats à manger, bons à saler, et s'engraissent très-facilement avec des pommes de terre et des farineux. Ils sont en général plus sobres que l'espèce de nos cochons. Il est très-important de les multiplier pour les basses-cours, pouvant les laisser en liberté dehors ; n'étant point malfaisans comme les gros cochons. On aura l'avantage de faire couper ou arracher deux fois par an une partie de leur poil et de le vendre 15 à 18 francs la livre ; on les élèveroit aussi dans les bois pour les rendre sauvages. A six mois ils s'accouplent comme on l'a observé dans ceux de cet âge qui sont à Malmaison. Ils produisent l'hiver comme l'été.

CERTIFICATS.

Certificat du Maire de Saint-Georges de Rognain.

Nous Maire de la commune de Saint-Georges de Rognain, département du Rhône, arrondissement de Villefranche, canton de Belleville, certifions à qui il appartiendra que le chargé d'affaires de M. *Flandre d'Espinay*, propriétaire en cette commune, nous a présenté différens échantillons de poils de boucs et chèvres de Syrie et d'Islande à quatre cornes, et de plusieurs chèvres métisses des deuxième et troisième croisemens; lesquels échantillons sont d'une grande finesse et des produits du troupeau de M. *d'Espinay*, lesquels peuvent être utiles aux manufactures de ce genre; 2°. un échantillon de poil de sanglier de l'Inde, du produit de sa ferme; 3°. qu'il nous a présenté un très-beau troupeau d'environ trois cents mérinos et de plusieurs buffles de la grande et petite espèce nés dans sa ferme d'expérience, pour lesquels il a dépensé beaucoup d'argent. En foi de quoi, et sur sa demande, nous lui avons délivré le présent certificat pour servir et valoir ce que de raison. Fait en la mairie de Saint-Georges de Rognain, le 21 septembre 1809.

Signé Louis-Alexandre-Elisée de Monspey, *Maire.*

Certificat du Sous-Préfet de l'arrondissement de Villefranche.

Nous soussigné, sous-préfet de l'arrondissement de Villefranche, département du Rhône, certifions à tous qu'il appartiendra, que *Margerand*, homme de confiance de M. *Flandre d'Espinay*, nous a présenté cejourd'hui différens échantillons de poils de boucs et chèvres de Syrie et d'Islande à quatre cornes, de plusieurs chèvres métisses des premier, deuxième et troisième croisemens, qui sont d'une grande finesse, qui sont le produit du troupeau de chèvres de M. *Flandre d'Espinay*, et que son génie agricole pour ce genre de manufacture et de nouveau produit, pour remplacer les différens poils qui nous viennent du Mogol et d'Afrique, a propagé, aux fins d'empêcher l'émission de notre numéraire à l'étranger, ces animaux qui existent à sa ferme expérimentale avec ses petits sangliers de l'Inde qu'il a obtenus par le moyen de ses nouveaux croisemens avec des petites truies de ce département, pour être très-utiles à notre commerce, comme ses autres établissemens de mérinos et haras d'expérience et buffleterie de grande et petite espèce de buffles qu'il élève et fait aussi propager depuis nombre d'années, et pour lesquels établissemens il a fait de grandes dépenses.

Telle étant la vérité de ce qui existe à ces établissemens, nous nous sommes empressés de signer le présent pour servir et valoir au besoin.

A Villefranche, le 27 septembre 1809.

Signé Sain.

Ordre de M. le Comte Lavallette, *Conseiller d'Etat, Directeur général des Postes.*

Paris, le 20 septembre 1809.

Le Conseiller d'Etat, directeur général des postes, Comte de l'Empire, prévient les maîtres de poste de Paris à Lyon par Autun, que le courrier de la malle expédié de Paris cejourd'hui 20 septembre 1809 est porteur d'une cage vide destinée à recevoir des animaux déposés à la poste des Tournelles de Flandre, et qui doivent être conduits à la ménagerie de S. M. l'Impératrice et Reine.

Les maîtres de poste ne feront aucune difficulté pour le transport de cette cage à l'aller et au retour. Ils donneront au courrier qui en sera porteur toutes les facilités qui deviendront nécessaires pour la conservation de ces animaux qui sont d'une espèce rare.

Signé Lavallette.

Extrait du Procès-Verbal de la Séance ordinaire du mercredi 27 septembre 1809 de la Société d'Encouragement.

Au nom du Comité des Arts mécaniques, M. *Bardel* lit le rapport suivant :

M. *Flandre d'Espinay*, propriétaire dans le département du Rhône, a présenté un mémoire à la Société, dans lequel il rend compte des résultats avantageux qu'il a obtenus du croisement de divers animaux. Il a joint à ce mémoire des échantillons de différens poils de chèvre, provenant du croisement des boucs de Syrie et d'Islande avec des chèvres des montagnes de son département, ainsi que des soies de porc obtenues de petites truies indigènes croisées avec un petit sanglier de l'Inde.

On voit, par ces échantillons de poil de chèvre, qu'il est possible d'obtenir des toisons d'une extrême finesse et d'une douceur propre à remplacer le beau lainage de Cachemire.

On y remarque aussi le poil de chèvre à longue soie qui s'emploie pour la fabrication des étoffes razes et des velours d'Utrecht que nous avons tirés jusqu'ici du Levant et qu'on est parvenu à très-bien filer dans le département de la Somme.

Il paroît également possible, d'après les échantillons produits, d'obtenir par des procédés analogues des soies de porcs et de sangliers améliorées, très-utiles pour nos fabriques de brosserie et pour les machines à lainer les draps, qui remplaceroient parfaitement celles que nous tirons de la Russie.

Nous n'entrerons point dans les détails de tous les essais auxquels l'auteur s'est livré pour obtenir ces résultats, il faut les lire en entier dans son mémoire; nous remarquerons seulement qu'ils nous paroissent de nature à mériter d'être continués, et qu'on peut attendre du zèle et de l'intelligence de M. *Flandre d'Espinay*, qu'il fournira bientôt au commerce françois des matières premières que nous avons été forcés jusqu'ici de tirer à grands frais de l'étranger.

Pour atteindre ce but, M. *Flandre d'Espinay* se propose de solliciter l'appui du Gouvernement, et il demande à cet effet que la Société veuille bien le servir de son influence auprès du Ministre de l'Intérieur.

Votre Comité pense que l'objet dont il s'agit est d'une importance majeure ; qu'il peut devenir pour la France une source de nouvelle industrie et qu'il mérite de fixer particulièrement l'attention de la Société.

En conséquence, nous proposons de recommander, par l'organe de M. le Président, M. *Flandre d'Espinay* à son Ex. le Ministre de l'Intérieur, afin que ses expériences sur le croisement de divers animaux soient suivies avec soin, et qu'il soit pris des mesures pour en constater les résultats.

Signé BARDEL et MOLARD.

Le Conseil approuve ce rapport et en adopte les conclusions.

Pour extrait conforme,

Signé Cl.-Anthelme COSTAZ, *Secrétaire-Adjoint.*

Pour copie conforme à l'original remis à S. Ex. le Ministre de l'Intérieur,

C. FLANDRE D'ESPINAY.

COPIE de la Lettre écrite à S. Ex. le Ministre de l'Intérieur Comte de l'Empire, par le Conseil d'administration de la Société d'Encouragement.

MONSEIGNEUR,

M. *Flandre d'Espinay*, propriétaire dans le département du Rhône, a présenté à la Société d'Encouragement un mémoire dans lequel il rend compte des résultats avantageux qu'il a obtenus du croisement de divers animaux, tels que des chèvres des montagnes de son département avec des boucs de Syrie et d'Islande, et de petites truies indigènes avec de petits sangliers de l'Inde. Le premier croisement lui a procuré des toisons d'une extrême finesse et d'une douceur qui les rend propres à remplacer le beau lainage de Cachemire ; il a aussi obtenu, par le même moyen, le poil de chèvre à longue soie, propre à la fabrication des étoffes rases et des velours d'Utrecht, matière que nous avons tirée jusqu'ici du Levant, et qu'on est parvenu à très-bien filer dans le département de la Somme.

Par le croisement de la deuxième espèce d'animaux, l'auteur du mémoire a obtenu des soies de porc et de sanglier améliorées, qui pourroient être fort utiles pour nos fabriques de brosserie et pour les machines à lainer les draps, et qui remplaceroient parfaitement celles que nous tirons de Russie.

Des phénomènes aussi singuliers, et qui jusqu'à ce jour étoient restés inconnus des naturalistes, peuvent causer quelque surprise. Mais les échantillons que M. *Flandre d'Espinay* a présentés, et qui sont revêtus d'un caractère d'authenticité, ne laissent aucun doute sur la réalité de sa découverte. Nous n'entrerons point dans les détails de tous les essais auxquels ce cultivateur s'est livré pour arriver à ces résultats; ils sont consignés dans son mémoire et méritent d'être lus. Nous remarquerons seulement qu'il est à désirer que ces essais soient continués, et qu'on peut attendre du zèle et de l'intelligence de M. *Flandre d'Espinay* qu'il fournira la France des matières premières que nous avons été forcés jusqu'à présent de tirer à grands frais de l'étranger.

Pour atteindre ce but, il se propose de solliciter l'appui du Gouvernement, et il a désiré que la Société le recommandât à Votre Excellence, afin de la disposer à accueillir favorablement ses propositions.

Nous ferons d'autant plus volontiers ce qu'il attend de nous, que l'objet dont il s'agit nous paroît d'une importance majeure, et qu'il peut devenir pour la France une nouvelle source d'industrie. Il est à notre connoissance que M. *Flandre d'Espinay* est animé du désir de se rendre utile, qu'il a créé dans le département du Rhône des fermes et des haras d'expérience, où il s'occupe avec succès de l'agriculture et de l'amélioration des races de chevaux indigènes, et qu'il a consacré à ces établissemens partie de sa fortune. Nous croyons qu'il merite, sous tous les rapports, la bienveillance du Gouvernement, et que Votre Excellence aura lieu de s'applaudir de l'avoir encouragé. En conséquence, nous vous prions, Monseigneur, de l'honorer d'une attention particulière, et de le mettre à portée de suivre ses expériences sur le croisement de divers animaux, en prenant des mesures pour en constater les résultats.

Nous avons l'honneur d'être avec respect,

Monseigneur,

De Votre Excellence,

Les très-humbles et très-obéissans serviteurs,

Signé, Guyton-Morveau, *Vice-Président.*

Cl.-Anthelme Costaz, *Secrétaire-Adjoint.*

Pour copie conforme a l'original,

Signé Flandre d'Espinay.

RAPPORT

De plusieurs Officiers françois qui ont été en Angleterre lors de la Paix, et qui ont fait la guerre en Portugal.

La beauté des chevaux de la cavalerie angloise les a frappés, ainsi que leur vigueur et leur vitesse. Ils avoient en Portugal des régimens tout en chevaux entiers et d'autres tout en jumens qui leur faisoient un excellent service, plus faciles à nourrir que les chevaux et plus infatigables.

Les officiers anglois leur ont assuré que la principale cause de l'amélioration générale des chevaux en Angleterre, c'étoit les mesures très-dispendieuses, sévères, nécessaires et indispensables que le Gouvernement avoit prises dans le principe, non seulement pour se procurer des jumens et étalons arabes, turcs et barbes, autant qu'il a pu s'en procurer par tous les moyens possibles, mais encore de faire couper à l'âge de trois ans tous les poulains qui n'étoient pas de race reconnue bonne.

Il étoit très-défendu aux cultivateurs qui avoient des poulains entiers au-dessus d'un an de les laisser aller dans les prairies avec leurs jumens (1). C'étoit les directeurs de

(1) En France, nous avons un principe de cet usage, mais qui n'est pas suivi généralement. N'en ayant jamais eu connoissance dans mon département ni dans ceux circonvoisins, voilà pourquoi j'insère cette note importante au sujet de ce rapport.

S. Ex. le Ministre de l'intérieur, M. *de Champagny*, écrivit à MM. les Préfets pour empêcher la divagation des poulains mâles au-dessus de l'âge d'un an. Plusieurs Préfets ont pris en conséquence des arrêtés, du nombre desquels est M. le Préfet des Hautes-Pyrénées; mais il n'a pas eu de grands effets, parce qu'il faudroit des lois de police rigoureuses et des amendes à ceux qui contreviendroient à cette loi. Ces amendes seroient destinées à acheter un étalon de race qui appartiendroit à la commune, et seroit mis en dépôt chez un des riches propriétaires qui se chargeroit de l'entretenir et de le faire propager gratuitement, bénéficiant du saut pour ses jumens. Il seroit bien à désirer qu'il y eût des inspecteurs des haras en résidence dans haras en résidence dans chaque arrondissement qu'on leur désignoit qui devoient y surveiller, comme à ne laisser saillir, autant que possible, par les étalons de race, que les jumens qui annonçoient devoir faire de beaux poulains, et pas avant quatre ans et demi ou cinq ans. Ils rendoient compte aux inspecteurs généraux en tournée. Sans nul doute si l'agriculteur anglois n'avoit pas senti cette nécessité pour l'amélioration des races, il auroit trouvé cette loi de rigueur un peu arbitraire; mais il s'y est soumis avec plaisir, parce que la raison et la nécessité de relever et d'améliorer leur race l'ont commandé (1).

Ces mêmes voyageurs me dirent que les grands propriétaires en Angleterre donnoient eux-mêmes l'exemple, et que c'étoit à eux qu'on devoit en partie la régénération et la conservation des beaux chevaux; et qu'ils avoient séjourné dans la campagne d'un seigneur anglois dont les chevaux de chasse étoient d'une vitesse et d'une légèreté

chaque département, et les directeurs des haras déjà établis stimuleroient le zèle des Préfets pour l'exécution des arrêtés qui tendent à l'amélioration de nos races, attendu qu'il n'y a qu'eux qui prennent assez à cœur cette amélioration pour la surveiller dans toutes ses parties. Beaucoup de maires, par exemple, ne sentiront pas de quelle importance il est pour l'État d'empêcher que les poulains en liberté avec les jumens ne les saillissent et ne procréent; ils craindront la surveillance de l'inspecteur en tournée qui, en désignant au Préfet les communes délinquantes, attireroit sur elles la surveillance particulière de la gendarmerie et des gardes forestiers, et les maires seroient réprimandés de leur négligence. D'après ces intérêts et la surveillance continuelle de l'inspecteur qui seroit toujours en tournée, si nous voulons réorganiser nos haras et bonifier les races tout à-la-fois dans tous les départemens, dont nous avons le plus pressant besoin pour nos armées, il paroît indispensable de s'occuper de la création des haras d'expérience.

(1) Il en seroit de même en France, pourvu qu'il n'en coûtât rien à l'habitant, et que ce fût un vétérinaire payé par le Gouvernement françois qui accompagnât l'inspecteur en résidence, et qui, deux fois par an, dans chaque département, fît sa tournée pour opérer la castration des mauvais poulains, et qui, tous les jours, en se propageant dans nos prairies et dans nos pâturages de montagne, abâtardissent notre race commune par la négligence des cultivateurs pour lesquels un Gouvernement régénérateur, par des arrêtés de police, doit commander des mesures nécessaires à l'amélioration de leurs races. Quelquefois un vil intérêt du moment, pour ne pas payer le saut, les ruine en consommation de pâturages et de fourrages pour élever de mauvais bidets, sans taille ni courage.

Dans les Pays-Bas, d'après ce que m'a dit M. *Raguet-Brancion*, chef du dépôt de Bruges, cet ordre existoit dans l'ancien Gouvernement, et les habitans voudroient encore qu'on le rétablît pour conserver la race de leurs forts chevaux entiers et autres. Il ne faut pas, pour quelques individus ignorans, gâter la race d'un pays. A plus forte raison doit-on chercher à améliorer celles de tous les départemens par cet arrêté, que nous pourrions tout aussi bien établir en France comme il l'est en Angleterre, et l'étoit dans les Pays-Bas.

pour sauter extraordinaires; mais aussi tous les jours, été comme hiver, quand ils ne chassoient pas, il falloit que les jockeis leur fissent faire plusieurs lieues et franchir les barrières et clôtures (1).

C'est cet exercice violent et les soins qu'il prenoit de ses chevaux qui les rendoient

---

(1) Cela revient à mon système, qu'il faut que les chevaux soient élevés en liberté et fassent un exercice violent, mais réglé. D'ailleurs, en Angleterre, les grands propriétaires ont été récompensés et encouragés pour ces sortes d'établissemens par le roi; aussi est-ce la nation qui a les plus beaux chevaux. Nous pourrions les avoir aussi beaux et aussi bons qu'eux, et il seroit bien nécessaire de suivre en cela leur exemple. Il seroit bien à désirer aussi que les grands propriétaires fissent de leurs domaines des fermes expérimentales, à l'instar de la mienne et suivant mes principes. Ils amélioreroient leurs propriétés et augmenteroient leurs revenus dans un genre d'agriculture analogue à la France, comme les Anglois, riches propriétaires, emploient celle qui est la plus propice à leurs localités, et tous font tous les jours des expériences pour parvenir à la perfection.

Pourquoi n'aurions-nous pas la noble ambition, nous autres grands propriétaires, de suivre ce louable exemple, et de laisser à nos jockeis leur manière de monter à cheval, de faire des courses pour notre compte et de se costumer comme les leurs, puisque c'est là mode?

Comme presque tout est mode en France, puisse arriver celle de la perfection agricole, qui commence à exister; et la France dans peu surpassera l'Angleterre. Ne copions que les qualités de cette nation, et non pas ses défauts. Si nos ennemis ont de bons usages, il faut en profiter pour leur faire ensuite la guerre avec plus d'avantages.

D'après le système sur les haras d'expérience qui est à la tête de mon mémoire, il conviendroit, d'après ma persuasion et ce que j'ai vu dans tous nos départemens, de nommer un inspecteur des haras en résidence dans chaque département comme ils existoient sous l'ancien Gouvernement, pris parmi les grands propriétaires amateurs, anciens ou nouveaux officiers de cavalerie. Ils recevroient des appointemens que l'on fixeroit et qu'on pourroit prendre sur la caisse des octrois des villes de chaque département, puisque c'est l'agriculteur qui les paie en partie, attendu qu'on diminue ses denrées proportionnellement au prix de l'octroi, et que cet inspecteur lui rendroit de grands services en tenant la main à l'amélioration des races et en veillant à la conservation des étalons qui iroient en tournée, et qui ont besoin d'être surveillés par un inspecteur en résidence, parce que le garde-étalon en tournée, recevant pour le compte du Gouvernement le produit des saillies, n'est souvent pas de bon compte et fait saillir plusieurs fois par jour au détriment de ces précieux chevaux.

Il seroit important pour réformer cet usage pernicieux de placer les dépôts chez de grands propriétaires qui auroient droit de surveiller le garde-étalon, et c'est l'inspecteur en résidence qui choisiroit le lieu des dépôts et les inspecteroit fréquemment dans le temps de la monte, et donneroit aux grands propriétaires, à qui la surveillance des dépôts seroit confiée, la liste des jumens enrôlées et des étalons qui doivent les saillir d'après leur conformation, leur taille et leurs qualités. Ce travail seroit terminé dans chaque arplus vigoureux que ceux de ses voisins. Aussi avoit-il la réputation d'avoir des chevaux qui, dans les chasses, forçoient les leurs et arrivoient à l'alali avant eux, et il n'en perdoit jamais de fourbure.

---

rondissement un mois ou deux avant la saillie par l'inspecteur qui s'adjoindroit le maire et deux grands propriétaires amateurs, ayant des étalons ou jumens poulinières. MM. les Préfets étant trop occupés pour se charger d'une telle surveillance, ne pourroient le faire quand ils le voudroient. Les inspecteurs en rendroient compte aux inspecteurs généraux en tournée et aux préfets, qui feroient exécuter l'arrêté de la castration nécessaire.

Il y a des départemens d'où viennent les chevaux de rivière presque tous entiers et chevaux de rouliers, où cette mesure seroit modifiée selon la force des chevaux et leur race particulière.

Les Préfets feroient aussi exécuter les arrêtés de police sur les amendes ordonnées contre les propriétaires qui, passé un an, laisseroient leurs poulains dans la prairie, ou qui feroient saillir les poulains entiers conservés avant quatre ans et demi ou cinq ans, pour éviter la ruine de ces jeunes chevaux qui, dans les trois quarts des départemens, on fait saillir à deux ans et demi ou trois ans, pour les faire hongrer à quatre, et puis les vendre; ce qui fait alors de mauvais chevaux qui ont été énervés dans leur jeunesse, et ont donné presque toujours de mauvais produits, et c'est avec quoi l'on remonte notre cavalerie; au lieu que si ces jeunes chevaux ne s'étoient point fatigués avec les jumens, ils auroient acquis plus de vigueur et de taille; et, apres les avoir coupés, ils feroient de meilleurs chevaux pour nos troupes, et soutiendroient bien mieux la fatigue des campagnes.

Tous ces abus m'étant parfaitement connus, et sur-tout le mal qui en résulte, j'ai cru devoir, comme ancien capitaine de cavalerie, passionné pour les belles races de chevaux et leur conservation, présenter directement à notre Empereur, à la suite de mon compte rendu, ces observations, et en même temps les rendre publiques pour que les fonctionnaires et grands propriétaires puissent aussi concourir au bien général, en réformant ces usages abusifs et ruineux pour la race de nos chevaux, et adoptant de leur propre volonté ces mesures indiquées et certaines d'une prompte restauration et amélioration.

FIN.

Carle Vernet Delineavit. — Johannot Sculp.

JUMENT NÉGRESSE SANS POILS, COULEUR DE BRONZE ANTIQUE, PRÉSUMÉE DE RACE ÉTHIOPIENNE; AVEC SON ÉLÈVE PROVENANT D'UN ÉTALON TURC.

existant au haras de Mr. Flandre-Despinay dont le Château, la Ferme expérimentale & la Poste Impériale des Tournelles de Flandre forment la perspective de ce dessin fait par le Chevalier Vernet. Pl. N° 1.

Le Memoire explicatif des qualités particulières de cette Jument, avec la meilleure culture à suivre, orné de planches. Se trouve à la Librairie de Mr Huzard, rue de l'Eperon, N° 7. Prix: 7 fr.

Son élève n'a point de poils tout autour des Lèvres et des Naseaux; étant le 1er élève de cette race inconnue, il est destiné à être présenté à S. M.

NOUVELLE DÉCOUVERTE D'UNE RACE INCONNUE
de Chevre Métisse, à poil de Cachemire.

Qui n'est qu'au 2.me Croisement, et qui au 4.me égalera totalement en finesse et douceur ce poil si précieux. Ce croisement provient d'un bouc de Syrie et d'une chevre à poil raz du Mont-d'Or. Cette nouvelle découverte, d'après les échantillons des poils présentés à la société d'encouragement de Paris, qui en a constaté les avantages par un rapport de sa Section des arts, où est prouvé son utilité pour le commerce et l'agriculture, remplacera le poil de Cachemire, et l'autre croisement des Chevres à long poil, celui de Chameaux et laine de Vigogne. Par une lettre à son Excellence le ministre de l'intérieur, cette société a demandé la multiplication et l'établissement en grand de ces animaux précieux dans la ferme expérimentale de M.r FLANDRE D'ESPINAY, qui est le seul en France propriétaire de cette race; et en conséquence qu'il soit donné des encouragements à l'auteur d'une aussi heureuse découverte pour la faire propager et pour empecher l'émission de sommes considérables au levant, en les reversant sur le commerce et l'agriculture de l'empire. Cette chevre métisse à été remise, d'après la demande de S. M. L'IMPÉRATRICE, à ses établissements de Malmaison, le 9 Octobre 1809. où elle y existe. Pl. N.o 2.

SANGLIERS MÉTIS DES INDES BLANCS TIGRÉS DE NOIR.

Importans à propager sous 3 rapports 1.º celui de l'Agriculture, parcequ'ils ne dévastent pas les campagnes, qu'ils sont faciles à nourrir 6 mois de l'année avec des luzernes fraîches et qu'une seule laie en 6 portées en fait 50 ou 60. 2.º celui du commerce, parcequ'ils produisent un poil rude et élastique pouvant remplacer celui des Sangliers de Russie avec avantage et nous empêcher d'être tributaires de cette nation pour plusieurs millions. 3.º celui de l'agrément parcequ'ils sont exquis à manger, propres à la salaison et qu'on peut les élever sauvages, cette race étant déjà acclimatée sous des hangards dans des clos, en liberté l'hiver comme l'été. Elle existe seule à la Ferme expérimentale de M.r Flandre Despinay, à la poste Impériale des Tournelles de Flandre, qui se fera un plaisir d'en hâter la propagation, en cédant à ceux qui le désireront. Pl. N.º 3.

AVEC LES NOUVELLES TERRASSES ET GALERIES À CONSTRUIRE POUR OPÉRER LEUR REUNION.

Comme il est nécessaire, avant de continuer les travaux, d'arrêter un projet général pour la réunion du Louvre aux Tuileries, je propose l'exécution de ce 9.me Plan, dont le mémoire y relatif a été remis par l'auteur à M.r le Comte de Montesquiou-fesenzac, 1.er Chambellan, pour être présenté à S. M. l'Empereur. De tous les architectes, le grand Molinos et le Cavalier Bernin sont les seuls qui ayent conçu les projets les plus analogues à la grandeur de l'objet; les autres ont fait une petite place de celle du Carouzel en dépensant en constructions immenses environ 30 millions de plus que ne feroit le plan que je propose. Les deux points d'alignement du Louvre et des Tuileries se coupent entre les deux guichets, comme on le voit sur les plans de ces deux architectes et sur le mien. Ensorte que la réunion des deux points de vue s'opérera au centre du Temple, à la sommité duquel sera un fanal pour éclairer les deux places et l'arc de triomphe, ce fanal sera soutenu par un aigle planant et précédant le Char de triomphe. Des deux portes de l'orient et de l'occident l'une sera dans l'alignement du Louvre et l'autre dans celui de l'arc de triomphe. Tel est le but de ce plan de réunion par le moyen d'une vaste et belle place d'un carré long régulier afin de parfaitement découvrir l'ensemble des deux palais, étant terminée par une terrasse moins haute que l'arc de triomphe, vis-à-vis le quel quatre autres arcs en saillies, comme il est indiqué, formeroient perspective et l'entrée des Casernes et Corps de garde.

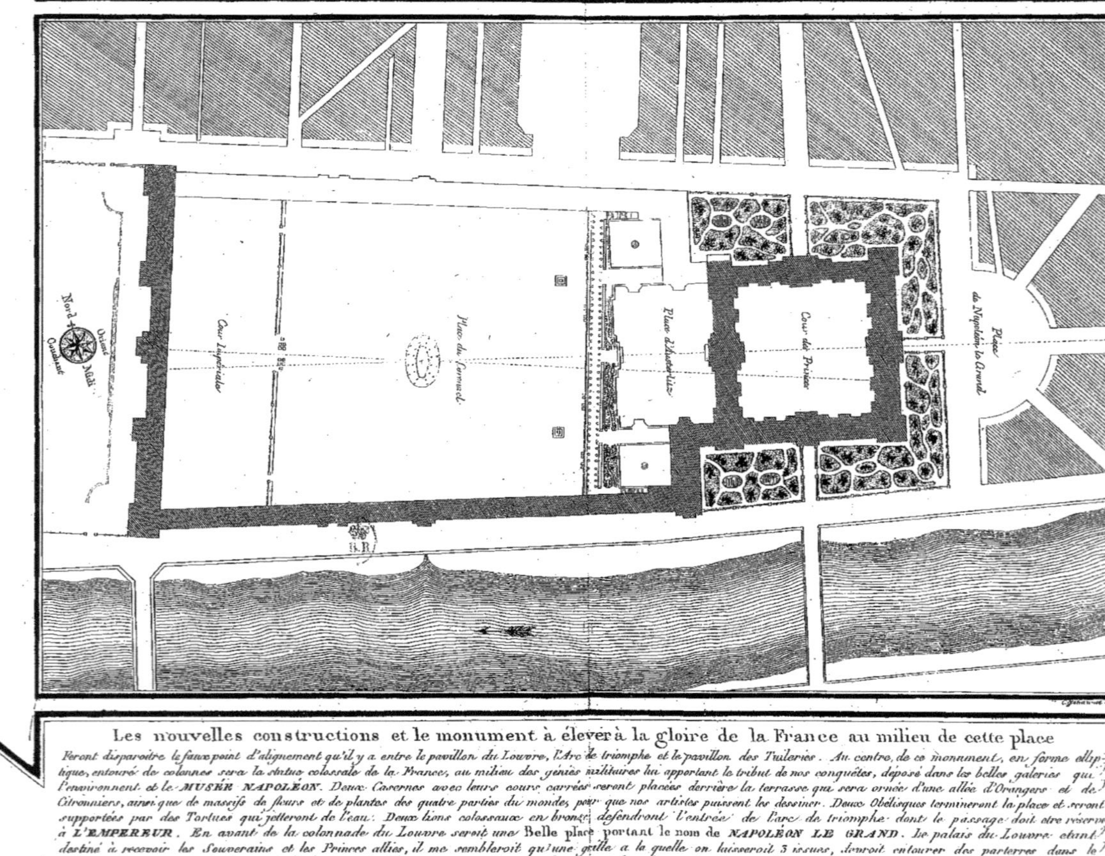

Les nouvelles constructions et le monument à élever à la gloire de la France au milieu de cette place

Feront disparoître le faux point d'alignement qu'il y a entre le pavillon du Louvre, l'Arc de triomphe et le pavillon des Tuileries. Au centre de ce monument, en forme elliptique, entouré de colonnes sera la statue colossale de la France, au milieu des génies militaires lui apportant le tribut de nos conquêtes, déposé dans les belles galeries qui l'environnent et le **MUSÉE NAPOLÉON**. *Deux Casernes avec leurs cours carrées seront placées derrière la terrasse qui sera ornée d'une allée d'Orangers et de Citronniers, ainsi que de massifs de fleurs et de plantes des quatre parties du monde, pour que nos artistes puissent les dessiner. Deux Obélisques termineront la place et seront supportées par des Tortues qui jetteront de l'eau. Deux lions colossaux en bronze défendront l'entrée de l'arc de triomphe dont le passage doit être réservé à* **L'EMPEREUR**. *En avant de la colonnade du Louvre seroit une* Belle place portant le nom de **NAPOLÉON LE GRAND**. *Le palais du Louvre étant destiné à recevoir les Souverains et les Princes alliés, il me sembleroit qu'une grille à la quelle on laisseroit 3 issues, devroit entourer des parterres dans le goût moderne garnis de fleurs et d'arbustes odoriférants, et que la cour du centre devroit prendre le nom de cour des Princes. La nouvelle terrasse à construire porteroit le nom de terrasse de l'Impératrice.*

L'Auteur a déposé les deux dessins originaux, l'un de la perspective et l'autre du plan géométral, dans le Cabinet de S. M. **L'EMPEREUR**, à Malmaison.

www.ingramcontent.com/pod-product-compliance
Ingram Content Group UK Ltd.
Pitfield, Milton Keynes, MK11 3LW, UK
UKHW012048240726
13965UKWH00003B/1136

9 782013 284073